亚洲的 书籍、文字 与设计（第二版）

杉浦康平 与亚洲同人的对话

津野海太郎
安尚秀
郑丙圭
R.K.乔希
柯蒂·特里维迪
黄永松
吕敬人

〔日〕杉浦康平 编著

杨晶 李建华 译

生活·读书·新知
三联书店

亚洲的书籍、文字与设计（第二版）

Books, Text, and Design in Asia

三联书店

代表中国、韩国、印度以及日本的设计师聚在一起，确认亚洲共享的深层记忆，畅叙设计的明天……本书是我与老朋友们就亚洲设计系列对话的文集，是用中文、韩文、日文、英文多种语言交流的记录。现在它超越语言障碍，在众多人士支持下终于付梓。

日文版在2005年5月出版。其后2006年1月由韩国出版市场营销研究所出版了韩文版，韩国设计师郑丙圭先生的设计端庄大方。以后又有喜讯传来，本书被韩国文化部指定为推荐图书，已经再版。

此次本书由我多年的朋友杨晶、李建华伉俪翻译成中文。继今年7月5日由台湾网路与书（Net and Books）出版社出版了繁体字版后，现在由北京三联书店出版简体字版，我感到由衷的高兴。

本书除英语圈外，能以各自语言阅读，这是我向参加对谈的朋友最好的回报，备感欣喜。

在中文版出版之际，谨对承担繁重的翻译工作的杨晶、李建华伉俪，对在策划阶段即不遗余力、对编辑工作一丝不苟的一石文化的马健全女士，对拿出新颖的书籍设计的好友吕敬人先生，表示衷心的感谢。

我在本书的《后记》中写道："希望对谈中出现的朋友以及下一代年轻人，互相提出新的问题，产生形式多样的对话。愿这种共鸣成为思考今后世界的一个契机。"在此报告一下过去一年里开展的几项活动。

去年5月，印度书法家R.K.乔希先生应邀访问台湾地区的大学，与我的朋友李贤文先生第一次见面，他与台湾书法家和艺术家之间开始了相互的交流。乔希还顺访韩国，在安尚秀先生策划的研讨会上进行讲演。

10月，在韩国坡州出版城的"亚洲出版信息文化中心"举办了"杉浦康平——杂志设计的半个世纪"展，历时一个月。坡州出版文化财团理事长李起雄先生(在本书与郑丙圭先生的对谈中提及)和郑丙圭先生付出艰辛的努力，举办了"东亚·书籍的现在与未来"专题研讨会，我与中国大陆的吕敬人先生、台湾的黄永松先生应邀出席，围绕东亚的书籍设计进行了深入交流。

11月，在上海举办"中国最美的书"评选会(上海新闻出版局主办)，北京的吕敬人先生、台湾的王行恭先生、香港的廖洁连先生和我，与上海以及德国的设计师一起参加了评审。上海的评审会上，多种充满魅力的送选图书并列展示，中国出版界的活力和中国书籍的魅力扑面而来。这种在认真回顾中国独特的具有历史意义的出版形式的同时，大胆尝试向现代设计与传统融合挑战。预示着书籍文化未来新的可能性，令人钦佩。

另外，今年11月至12月由吕敬人先生牵头，在中国设计界、出版界众多同人鼎力相助下，"疾风迅雷——杉浦康平杂志设计的半个世纪"展将在北京和深圳举行。

东亚地区围绕书籍和书籍设计的各种交流，似乎正在形成旋涡。

愿本书中文版受到广大中文读者的青睐，以进一步推动东亚出版人和设计师的文化交流，同时希冀本书成为今后思考亚洲书籍出版、书籍设计之未来的指针之一。

杉浦康平

2006年8月1日

纵谈绚丽多彩的亚洲及其设计思考

本书的对谈及鼎谈中出现的人物都是与我交往至深、互相信赖的朋友。韩国的安尚秀、郑丙圭，中国大陆的吕敬人、台湾的黄永松，还有印度的R.K.乔希(R.K. Joshi)和柯蒂·特里维迪(Kirti Trivedi)。除了乔希与我基本同龄外，其他人都比我年轻很多。他们是活跃在第一线的设计家或艺术家，在本国或跨国从事着出色的工作。

我们在各自的国家或日本相遇相知。晤谈往往触及"何谓亚洲"、"怎样弘扬亚洲传统"等话题，胜过谈工作、话家常。一提这个博大的话题，必然动用笔谈或凭借直觉，坦率执著，深入热烈。

我年轻时就对亚洲充满好奇，从20世纪60年代中期开始一直在以自己的方式寻觅着"何谓亚洲文化"的答案。为了让更多的人了解那些妙趣横生的造型，几次举办展览会，并出版了题为《万物照应剧场》的系列书。每当我在揣摩这个主题上遇到麻烦或需要查找资料时，是他们——亚洲的朋友们给我提供线索、邮寄资料，不辞辛劳。

一个宛若从欧亚大陆弹出的岛国——日本

列岛，对横贯大陆继而乘黑潮漂洋过海的亚洲文化起到了截流的作用。日本人的身心以及日本的文物，都打上了形态不一的亚洲痕迹和记忆的烙印。与亚洲朋友的交谈，让我感到仿佛那些积淀在大地深层、沉睡着的"先古的记忆"渐渐苏醒，仿佛我们的共同记忆在"向未来召唤"。

能与六位来自三种不同文化背景、性情癖好各异的设计师对话实在令人欣慰，谈资难尽。汉字、韩文字(han-geul)、"天城文字"(Devanagari)[1] 等的诱惑，传统书籍装帧的广阔天地，通向"无形境界"的设计哲学，联结传统与现代的性灵、技艺。这些话题令人精神振奋，欲罢不能。它超越了国籍和语言的障碍，从各个层面衬托出我们亚洲本色的"思维方式"和秉承亚洲优秀传统的意志。

策划"对谈集"的是津野海太郎先生。他主编的《书与电脑》季刊独具慧眼。正是他那种关注书籍未来的思路以及他为此打造的实践平台，使他成为引领时代、尝试重塑知性的优秀编辑。他与东亚出版界同人建立联系的过程中，注意到我的想法和我与朋友之间的交流，并问我为什么会感悟到"亚洲"(参照第012页的"访谈")，以后他又积极策划我与亚洲设计师们的对谈和鼎谈，建议我整理出版谈话集。

我和六位朋友跨越国界、语言乃至思维方式的差异，甚至打破现在、过去、未来界线对话的喧闹，但愿以此书与读者分享其余韵的涌动和共鸣。

杉浦康平

[1] Devanagari，意为神祇居住之都的文字。——译注

亚洲的书籍、文字与设计——杉浦康平与亚洲同人的对话

004　中文简体版寄语

006　前言　纵谈绚丽多彩的亚洲及其设计思考
　　　杉浦康平

012　**亚洲多主语的世界，不可抗拒的魅力**
　　　杉浦康平×（访谈人）津野海太郎

首次亚洲之旅，来自文字冲击力的震撼……乌尔姆体验，对亚洲的觉醒……亚洲的心，感知不可视的共同体……在台湾地区、韩国，在中国大陆开展对话……不是"我"，而是"多主语"世界……对亚洲的喧闹产生共鸣……令人窒息的五感旋涡

038　**印度的文字**——潜藏十民众中的丰饶的美意识　杉浦康平

【彩页】杉浦康平

044　**把传统文化传承下去……**
　　　安尚秀×吕敬人×杉浦康平

将宇宙浓缩于书这个容器中……人与自然形成圆环……《报告书／报告书》，特立独行的实验……汉字，宇宙文字的诱惑……巧妙融入古老的文化……创造在未来"有传统价值的东西"……年轻人的梦，向未来的挑战……唤醒"生命记忆"……"和而不同"，超越东亚的圆环

078　宇宙中盛满文字
安尚秀×杉浦康平

第一部——东亚的文字体系及其可能性……从文字编排设计的角度重
新审视东亚……表层背后的世界——窥视"深井"……像对待生灵一
样尊重书……让多主语的声音串联起来
第二部——走向斑斓的文字，围绕韩文字的复合性……求"异"的文
字，将天、地、人融为一体……韩文字不易置于四角框中……韩文字、
汉字、表情文字，复合文字的意趣……达达派与韩文字的实验……
文字是五感复合作用的多媒体……秘符和乌托邦，解读宇宙的秘
密……"文字的城堡"正在发生变异

【彩页】安尚秀
【彩页】郑丙圭

126　在书籍装帧设计中融入文化遗传基因
郑丙圭×杉浦康平

第一部——书籍设计产生于人与文化的热烈交感之中……从编辑到书
籍设计——设计师的诞生……"凝固的音乐"，建筑与书籍的共
鸣……韩国的读书能量在膨胀……设计摄影集，超越心理羁绊……
设计才是照片的最好帮手……用视觉效果表现民俗文化……文字表现
的风景画——篆刻之美
第二部——文字的舞蹈，唤醒韩文字的象形性……功能性的文字，具
灵性的文字……文字的遗传基因，文字的深层意识……手书韩文，文
字与身体的关系……作为生态系统的书籍，东方的设计

174 **"天圆地方"，让传统语法在今天发扬光大**

吕敬人×杉浦康平

汉字发挥着非凡的结合力……文字的组合产生文章，产生诗篇……内含对称性与阴阳原理……简化字走的弯路……述说神话的文字，具有故事的文字……一波三折与天圆地方，汉字的构成原理……星辰运动决定竖排与横排……方形与圆形，古籍的造型……让中国的传统为现代的书籍制作而用……参与"中华善本再造工程"

【彩页】吕敬人
【彩页】黄永松

220 **编织民间文化的活力**

黄永松×杉浦康平

把传统文化(头)和现代文化(脚)联结起来……民间文化基因库的构成……把流电击空的能量记录下来……多彩的主题，崭新的编辑、设计……"俗、野、粗、简"，潜藏于民间艺术中的宇宙原理……澄澈五感，奉上祈愿，触摸宇宙……从民间艺术溢出的生命记忆

010

260 **"A–KA–RA"，印度书法的技艺与灵性**

R.K. 乔希×杉浦康平

与咒语相呼应的书法……将印度口头传承的传统与书法艺术融合……从悉昙(梵字)汲取营养……设计开发印度文字……印度公用文字的多样性……反映声音变化的文字编排设计……至书——从无到有，归于无

【彩页】R.K. 乔希
【彩页】柯蒂·特里维迪

304 **从"无形"到"有形"**

柯蒂·特里维迪×杉浦康平

对印度传统文化及其丰饶的觉醒……与《造型艺术奥义》的相遇……于"无形"中产生形……网格系统赋予空间以意义……肚脐，宇宙秩序的中心点……创造秩序即造神……意思产生其自身的造型……理想的网格可以满足各种变形……动态网格与古典舞蹈的结合……

342 **后记** **传统与现代，对新的创造语法的探求**
杉浦康平

348 **图版出处·对谈者简历**

352 **译后杂记** 杨晶 李建华

亚洲多主语的世界，不可抗拒的魅力

杉浦康平 ×（访谈人）津野海太郎

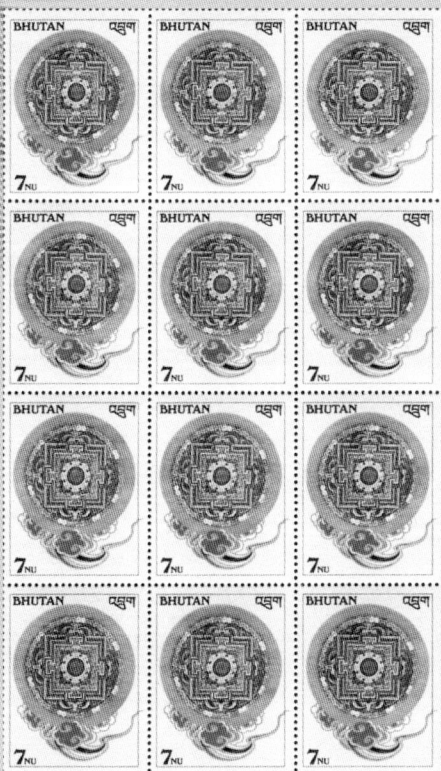

　　津野海太郎先生(第015页照片)现在身兼作家、评论家，令人难以置信的是，他在上个世纪60年代曾是饶有名气的前卫艺术制作人和导演。我认识他是在那之前，他刚开始从事文艺杂志编辑工作的时候。其后我去了欧洲，抓住了唤醒自己内心深处的亚洲特性的契机。

　　而津野则在近年利用探讨东亚出版的研讨会等机会加深了与亚洲各国同人的交流。四十年后的今天，我们看问题的视角、关切的问题竟然在"亚洲的今天"这个主题上一拍即合。本次访谈我顺着津野巧妙的提问诱导，回顾了自己从青年时期至今的体验以及与朋友之间的交往。——杉浦

首次亚洲之旅，来自文字冲击力的震撼

津 自从主编《书与电脑》季刊以来，五年间我与亚洲地区的出版人接触的机会日渐增多。北京大学附近有一家面向知识分子的书店"万圣书园"，我和那里的老板甘琦女士（2002年当时。现任社长为刘苏里先生）聊起来，没想到她脱口而出"我非常尊敬杉浦康平先生"。其他还有像台北杂志《汉声》的人或首尔的安尚秀先生等，走到哪里，杉浦先生的名字就出现在哪里。

通过三省堂、NHK出版，还有讲谈社出版的《万物照应剧场》系列书以及《武藏野美术》的人物专访的连载，我对您为亚洲特色的设计语法更趋缜密、系统所倾注的心血及其背后的思想概貌有所了解，但对您与亚洲各地的人们实际上建立了如此密切的联系却始料未及，非常吃惊。为此，我一直想向您求教。这个想法是安排此次访谈的直接原因。

要问的问题很多，还是先从人谈起吧。杉浦先生究竟是从什么时候开始走进亚洲世界，又是怎样与那里的人们建立起良好的关系呢？请您尽可能详细地介绍一下。

杉 我在1972年第一次去亚洲其他国家访问。当时是受联合国教科文组织亚洲文化中心的委托，与福音馆的松居直（现

任会长)一起去做一项调查。调查的目的是针对印度、泰国、印度尼西亚等国家所谓识字率低下的问题，探讨在文字设计方面日本能否有所作为。为此，我们先着手调查各地使用的字体，搜集了大量的印刷品。这项工作由于是联合国教科文组织发起的配合儿童教育和提高识字率运动的计划，所以调查对象国家的教育部工作人员搜集来的大抵是课本。然而随着在各地调查的逐步深入，我们开始醒悟到"语言的障碍不可逾越"。语言，归根结底是鲜活的，将语言加载于线符或形符上就产生了文字。然而对那个国家的人来说，他们从小耳熟能详的语言与字形的结合，必然是密不可分的。难道能够允许外来者仅以功能性像素的聚积，对字形随便进行肢解和操纵吗？这个疑问首先摆在了我们面前。最终得出的结论是，"这里没有任何日本人能做的事，这件事最好由各国的人自己去做"。

得出这个结论的最重要体验是在去印度孟买的时候。我在那里见到了文字史研究大家B.S.奈库(B.S.Naik)，他撰写过三部关于天城文字书体史的专著。人家已经积累了庞大的资料，这首先就令人感叹；这时出来一位书法家，给我们讲解天城文字的演化过程。他站在一张白纸面前，一边大喊着一边用竹篾笔写出洒脱的字。比如，在他猛一吐气发出"喀"音的同时，字便随之跃然纸上，而且写得相当漂亮。这是印度语中相当于日语"あいうえお"(a,i,u,e,o)的"あ"(a)的第一个元音文字。后来才知道，

① —— 表示印度文字进化的大树。今天各地使用的文字以公元前3000年—公元前1000年的婆罗谜文字、公元前2世纪的阿育王文字为根基，它枝繁叶茂，盘根错节。制图＝L.S.瓦肯卡尔(L.S.Wakanker)。1962年。

这位书法家的名字叫R.K.乔希，是印度书法的泰斗，但我当时并不知道他为何人。一个并不通报姓名的人，在我们眼前一边喊着，一边投入全身心地塑造字形，他的气魄以及字的灵动、完美，无不让我感到哪里还有吾辈可为？

印度的文字仅公用语就多达十五种，这十五种文字并排印在钞票背面。印度在全国范围使用的文字就更多了。诚然，凭借联合国教科文组织的权威和财力，要想对天城文字的最标准字体加以改良，或许会产生某种可能性。然而，我们这些文化背景不同的人纵使在皮毛上做些改动，也决不可能产生乔希所展示的生命力如此酣畅淋漓的字形！

津 理所当然。就像欧美人傲慢地要设计一套日语字体一样。

乌尔姆体验，对亚洲的觉醒

津 记得杉浦先生在1972年以前，即从1964年至1967年期间曾在当时西德乌尔姆(Ulm)的造型大学→②④任教吧？您那时就已经与亚洲的设计师们有过接触了吗？

杉 抵达孟买时，乌尔姆时代结交的朋友苏达卡尔·纳多卡鲁尼(Sudhakar Nadkarni)到机场来接我，他为我介绍的是不

②

受教育部导向的、原汁原味的印度。他在乌尔姆的大学是工业设计系学生，四年的刻苦学习使他得到很高评价，成为当时毕业于乌尔姆的唯一亚洲人。纳多卡鲁尼回国后当上IDC（Industrial Design Center，工业设计中心）所长，培育出许多优秀人才→⑤。其中一个就是柯蒂·特里维迪，他后来到我的事务所来研修。正是相交有年啊。

津 乌尔姆还有其他亚洲的学生吗？

杉 还有一位姓朴的韩国学生。他也学工业设计，也是四年。现在应该在韩国的大学任教。无论印度人还是韩国人，他们和日本人的时间观念都大不一样，一般出国留学时间很长，一待就是四年。听朴同学说，20世纪60年代韩国将人才大量输送到国外留学。体魄健壮者被送到美国接受军队教育；思辨敏捷的年轻人则被派往德国、法国的研究生院深造。这些人应该比所谓"386世代"(现在三四十岁，80年代的大学生，60年代出生)还早一代，他们已经成为活跃在今天韩国各个领域的栋梁之才。

我已故的妻子爱热闹，那时常留他们在家里吃饭，买东西时带他们一起逛街。纳多卡鲁尼和朴同学都是我工作室的常客。我们都还年轻，有说不尽道不完的话题，比如韩国人以什么形状为美？印度人喜欢唱什么样的摇篮曲之类……虽然当时纳多卡鲁尼对印度的神话世界观几乎一无所知，话题无法深涉，但我仍有一种预感：他们身上孕育着很多与欧洲人截然不同的东西。

津 您好像曾写过是在乌尔姆唤起了对亚洲的觉醒？

杉 是的。用我自己的话说，德国的体验就像站在德国人为我准备的、擦亮的镜子前面。我可以清晰地看到在异文化映衬下的自我形象。德国人的思维方式与当今的电脑社会如出一辙："ja order nein"(非此即彼)，即"yes or no"。即使是在造型理论上，也要黑白分明。学生拿来作品的时候，明确指出"对"和"错"，要求学生"改正错误"是老师的责任。乌尔姆还为此进行了理论武装，这一点它比其他大学都要超前。它给学生灌输的是人工头脑学啦，符号论啦，语义学啦，

②—德国南部，建在乌尔姆市丘陵上的乌尔姆造型大学。远处可见拥有欧洲第一尖塔的乌尔姆大教堂。建在漫坡上的校舍设计合理，具有特色鲜明的外观。设计=马克斯·比尔(Max Bill)，1953年。

信息理论啦，全是当时其他美术设计院校不曾涉足的前沿思维方式，在欧洲的大学中独树一帜。结果，我这个东方人闯进这所大学。学生们当然要求我给他们"yes"或"no"的二进位式指导，我却往往感到自己好像站在十字路口上，无所适从。我重复着同一句话：往东走有往东的可能性，往西走有往西的可能性。不能简单地说yes或no。因此我得到了"vielleicht"的绰号，相当于英语的"Perhaps"，即"大概"、"也许"的意思。在他们眼里，我的回答是含糊的、两可的、笼统的、边缘的，一句话，东方式的回答。而我的意思则是"yes或no说起来简单，而人生却远非如此啊"。

津 读您的文章，感觉是高屋建瓴，从高水平上把握乌尔姆造型大学的合理性，而不是停留在低水平上，和人家比拼不合理。因此您那个"大概"的水平也得拔得高高的。实际上乌尔姆的造型大学的确不含糊，底子深、水平高。

杉 乌尔姆大概领先当时世界的设计观念二十年，它几乎预备了建立在今天电脑时代理论背景上的一切。特别是用锐利的刃器将信息和产品的联系截然分开。正因为它来这一套，我才偏要说道说道。那段时间觉得自己身上日本人或亚洲人的本色好像被不容分说地调遣出来，这正是缘于置身乌尔姆造型大学的环境，置身于荟萃了哲学、科学以及设

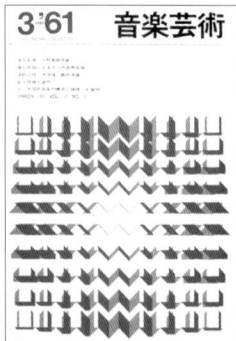

③——《音乐艺术》杂志。设计＝杉浦康平。1961年。乌尔姆以前杉浦的设计更倾向于几何学的、合理的造型风格。

④——在乌尔姆造型大学执教的杉浦（卞）和E.荣格（学生）的三件海报作品。1964年。

计等欧洲知识之精髓的德国啊。身在德国，使我既充实了对欧洲的思考，又加深了对亚洲的体验，当时我意识到：世界上"岂能只有西欧的语法"？确实有一些学生马上对我的思想产生了共鸣，然而对于我个人而言，那的确是在各种意义上人生的第一次转机，是一种思维方式的突变。我在德国体验中所预感的，在1972年的亚洲之旅时——得到具体印证。

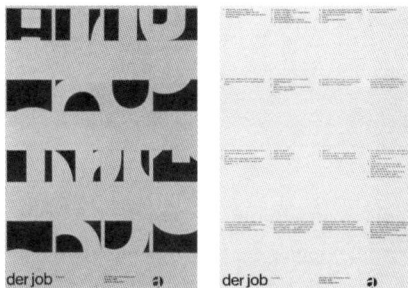

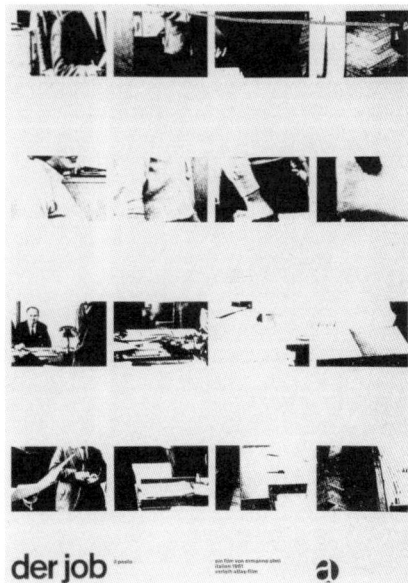

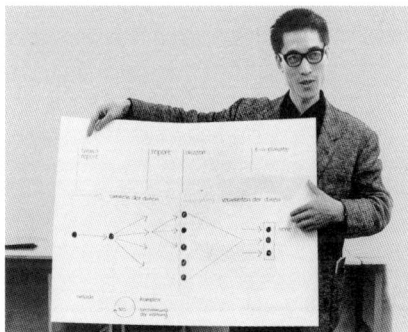

④

亚洲的心，感知不可视的共同体

津 杉浦先生的设计语法很快渗透到了亚洲设计师们的工作实践中，绝不是欧美人讲究的那种东方情调。这也和乌尔姆的经历有关吗？

杉 我向亚洲的同学们直言不讳自己"渴望了解亚洲"的想法。于是，印度人纳多卡鲁尼开始思考"日本人为什么想了解印度"；而韩国人朴同学琢磨"我本来是讨厌日本人的，但到底讨厌他们什么呢？"在此之前，他们把全部注意力都集中在欧洲文化的精髓乌尔姆上，身体的百分之九十沉浸在乌尔姆中。剩下的百分之几是在逐渐地苏醒、膨胀。纳多卡鲁尼也开始描绘他"回印度的梦"。我则帮他出主意，介绍日本的经验，每天晚上都在神聊。于是三个人都看清了各自回国后的方向，即醒悟了我们对本国文化过于无知的事实；同时感到虽然知之甚少，但是第一次意识到各自的母国都蕴涵着某种琢磨不透的辉煌。

津 后来纳多卡鲁尼决定把他的弟子从孟买送到您的事务所，一定也是出于这种考虑吧。

杉 是啊。他大概想，把印度人送到杉浦那里，就一定会对印度觉醒。

不过在此之前，我自 1972 年初次踏足后，开始频繁访问印度，结果发现印度人真会使唤人，有时我只是中途路过而已，可他那边却早把学生安排好了，说什么"杉浦，今天给我们讲一个小时怎么样"，每次都躲不过去讲课。说是讲课，其实是想到哪儿讲到哪儿，我回日本后更注重对亚洲的学习，同时也加深了对日本的体验，这样讲激发了他们对母国文化和亚洲固有文化之伟大的觉悟。当他们一旦意识到这一点再来观察自己的周围，就会发现身边令人惊叹的东西比比皆是，竟然是在丰饶的传统和无尽的宝藏包围中。连人的举止、气息、声音、足迹都透着印度韵味，多姿多彩。动物的生机活力也给人以全新的感受，甚至风儿的吹抚、天空色彩的渲染都不相同。一旦觉悟，他们便能从森罗万象的大千世界中汲取营养。

津 欧美人谈论印度、中国，与您这样做恐怕不是一回事。

杉 我有亚洲人的容貌，有亚洲的心……即共同的渊源。例如在印度诞生的佛教东渐日本时，也带来了许多印度的习俗和语言。旦那、娑婆、阿吽……伴随佛语进入日语中的印度语或印度文字不胜枚举。由此我想到，尽管日本人不察觉，但

⑤—苏达卡尔·纳多卡鲁尼所长
（中）和他的助手 U.A. 阿塔班卡
尔（U.A.Athavankar）（右）以及拉奥
教授（左）。于孟买 IDC。1972 年。

⑤

实际上许多印度的东西早已在我们的生活中潜移默化了，可以说其中百分之四十是印度的。不仅日本人，亚洲人体内的百分之六十，不，甚至百分之九十都是此类泛亚洲文化记忆的沉淀。一旦觉悟到这一点，亚洲人在一起的话题就会无休无止。

津 这正是您所说的"多主语共同体"吧。仿佛是一种以杉浦为媒建构的、不可视的共同体……

杉 我的朋友们彼此之间逐步建立了联系。我的作用是画一个小小的旋涡，激活周围各方。

⑥——季刊《银花》创刊号，文化出版局，1970年。杉浦从乌尔姆回国后的设计。由此开始回归亚洲的摸索。
⑦——《讲谈社现代新书》系列（1970—2004年9月，杉浦设计其中初期的两种设计。

在台湾地区、韩国，在中国大陆开展对话

津 除了印度以外,您与台湾地区和韩国的关系是怎样开始的?

杉 我是 1970 年去印度之前开始做季刊《银花》→⑥封面设计的。《银花》是一本以介绍日本传统文化和亚洲民间艺术、工艺等为宗旨的杂志,当时即使对我来说也有点异文化的感觉。自己对日本文化太缺乏了解了。于是我边设计杂志封面,边学习日本的文字和传统文化。《讲谈社现代新书》系列→⑦的设计也是同期承接的工作,在它的设计上我也突出了文字的作用。我觉得照相排版的"石井书体"很优美,所以经常有意识地使用。

就这样,我对日本的文字和传统文化的兴趣越来越浓,关心逐步升级,便开始认真思考:何不利用这个时期开始为"写研"(Shaken)公司制作挂历的机会,尝试对文字追根溯源呢?我不用正统的文字史视角,而是把眼光投向植根于民众之中,与生活息息相关的文字,而且是那些让人感觉"不可思议"的、在边缘或周边地带蠕动的、喧闹的文字。我决心把探求搜集的视野扩展到整个亚洲,而不是局限于日本。

这时我有了出国采访的机会,是和"写研"的石井裕子

⑧

社长一同访问台湾。平凡社的池田敏雄曾支持过台湾的反日运动，经他介绍得到一位台湾文化人的名字，李贤文(现任雄狮美术发行人)→⑧，当我到台北时，正逢其父病逝，守丧期间的他还抽空接待了我，给我留下难忘的印象。加上我对汉字的热衷打动了他，结果我们两个人很快情投意合，他把自己的朋友和台湾年轻的文化人一股脑儿地介绍给我。其中包括《汉声》的黄永松先生、中国美术研究家庄伯和先生，还有研究并参与修复中国古建筑的李乾朗先生以及许多画家、音乐家。他们大多数都属猪，这一代人正统领着当今的台湾文化。通过与这些人的接触交谈，促使我对中国台湾文化和中国大陆文化进行了更深入的学习。

我与韩国的接触始于1982年，当时日本文化财团邀请韩国"国乐"的演奏家来日本演出。我曾经做过京剧来日公演等的海报及图录的设计，所以这一次也是与主办方一同到韩国，实际观看演出做笔录或采访音乐学者，然后编辑成宣传册。这是我第一次访问韩国，但是却感到自己一下子就触及了韩国文化的核心。那次设计的公演宣传册对韩国设计师

⑧——李贤文、王秋香夫妇。尼泊尔之旅，杉浦同行，在帕坦(Patan)市。1991年。

⑨——杉浦康平《造型的诞生》。右起中文简体字本、繁体字本、日文本、韩文本的封面设计。出版得到吕敬人、李贤文、安尚秀的协助。1997-2000年。

们恐怕也是个小小的冲击，因为当时将传统音乐和传统美术结合起来的设计先例尚不多见……

其后，安尚秀、郑丙圭等几位嗅觉敏锐的设计师认识到我的存在，他们时而到日本来访问我，相互交往逐渐亲密。经他们引见，我还认识了出版社悦话堂的李起雄先生，他是一位出色的出版文化人。通过这些友人作为媒介，我和韩国的联系迅速密切起来。

津 您和中国大陆呢？

杉 这是后话，经讲谈社推荐，一个叫吕敬人、满腔热情的设计师出现在我面前，他前后两年时间在我的事务所学习书籍装帧设计。回国后成为中国青年出版社的骨干，现在更是中国书籍装帧设计界首屈一指的人物。他擅长绘画，书法和文章也很好，本来就颇具实力。我经常和他探讨一些问题，从他那儿学到许多有关中国的知识，我也向他充分传达了我的想法。他对我的设计论理解得最深，并能大胆地运用到实践中。

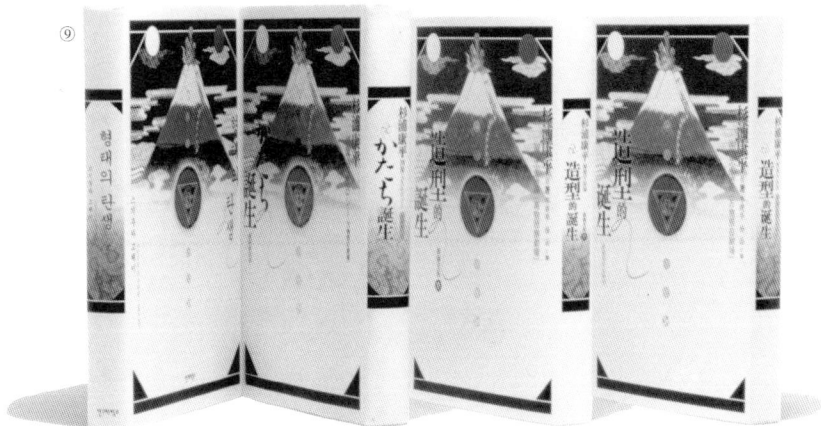

　　受吕先生的委托，我曾几次去中国讲演。听众一来就是几百号人，不仅北京的，还有不少从外地远道赶来的。1997年我出版的《造型的诞生》(NHK出版)一书，在朋友们的帮助下出版了中国大陆版本、台湾版本和韩国版本→⑨，在整个东亚都可以看到。为了纪念简体字版本的出版，1999年我应邀去做连续两天的讲演。可是事不凑巧，正赶上国庆节，头一天的讲演结束后得知第二天要戒严，会场周围不准进入。因此临时决定要我当天就把第二天的内容一口气讲完。当时我正闹牙痛吃不下饭，状态极差，但想到有人是从大老远赶来的，而且大家也都要我讲，我只好从命。结果那一天讲了四个半小时，累得筋疲力尽，好歹讲完了。中国听众心气儿特别高，自始至终都听得非常专注。

津 那时您都讲些什么呢？

杉 首先讲的自然是关于书籍的装帧设计。另外我以"柔软可塑的地图"为题，讲到在易位或人的五感错位时的地图。

　　诸如狗感受到的世界的地图以及利用拓扑学使世界翻过个儿，或时间地图……

⑩—20世纪70年代末至90年代杉浦设计的与亚洲相关的部分展览会、公演的图录、宣传册。背景画是日本插图画家浅沼贞治临摹巴厘岛画家伊·德瓦·布托·苏纳(I. Dewa Putu Sena)的作品。

⑩

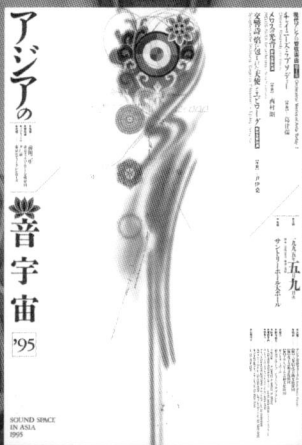

鳳山
仮面劇
増上寺大殿

ラーガ・香絃花
Shivkumar Sharma
Indian Santoor Concert
With Tabla by Zakir Hussain

'94

ガムラン楽舞夢幻
Studio 200

Bunkamura
DIE ZAUBERFLÖTE
魔笛
オーチャードホール

王サルヨの誓約
横浜ボートシアター

掌中飛舞
三国志演義

アジア演劇の
女形

デプン大僧院
ゴマン学堂日本ツアー2000
仏教国 日本への問いかけ
2000年10月18日～12月10日

不是"我"，而是"多主语"世界

杉 我讲这些的意图是想强调多视角，即"世界不是你一个人的。狗也有主语，森罗万象、万事万物都有自己的主语。让我们去认知'我、我'并非是世界的全部存在吧"。不妨与世间万物逐一来个换位思维。如果你是它，会怎样看待世界呢？这是一种训练，也就是和自己的眼睛一起理解所看到的整体世界。近来，我一直在思索这个问题，现在权且称之为"多主语世界"、"多主语自乘"。

万事万物都有主语，森罗万象如过江之鲫，是一个喧腾世界。我长期执笔的亚洲论之所以冠以"万物照应剧场"之名，即反映了这种状态。一个事物与另一个事物彼此重叠层累、盘根错节、互为纽结，连成一个网。它们每一个都有主语，经过轮回转生达到与其他事物的和谐共存，即共享精神气韵。听我这样一说，亚洲地区的听众会变得异常活跃，争相向我讲述各自生活中的体验，对自然和人的看法为之突然改变。"现代"这个方程式会突然产生错位、变异。1＋1不等于2，而等于5或等于0。

津 假如您对欧美人讲述同样的话题，说得通吗？

杉 一窍不通。他们整天强调的都是"我，我……"，对

⑪——选自20世纪70年代末至2000年杉浦设计的众多有关亚洲的展览会、公演的宣传单。

⑪

他们讲只能是与贫乏、狭隘的利己主义的对话。即使在亚洲，现在的中国也出现了一些人无视传统，盲目追求经济利益的趋势。他们不是在寻求万物共生，而是朝着"利己、自私"的社会发展。令人遗憾，这种动向就是破坏型的西欧主义啊。

所谓"现代"，充其量只是一瞬间，可是我们却把一瞬看作了一切。历史会画着巨大的旋涡回归初始。现在的韩国正是这样。我很佩服他们，那里出现了寻根的动向，即回归李朝的"朝鲜时代"，寻找奠定了现代韩国文化根基的原点。国乐专用的音乐厅努力让民众欣赏到传统音乐，林权泽(Im Kwon-taek)的电影《悲歌一阙》(*A Sad Song*)、《春香传》(*Chunhyang*)家喻户晓，韩国传统音乐艺术重新焕发青春。

安尚秀等人推动的设计艺术教育初见成效。他给学生出题要他们做书，结果同学们几人一组，对假面、国乐、符箓、传统民族服饰等朝鲜时代的文化重新进行了调查、分门别类，以双色套印制成一本上百页的精美图书。现在制作这类图书的活动在各大学开始产生波及效应。

亚洲日渐生机勃勃。在五年前，安尚秀也好，吕敬人也好，到东京我的事务所还有许多令他们耳目一新的设计，如今我想看到耳目一新的设计则要到北京和首尔去。我感觉我们周围不断产生并被消耗的庞大的浪费及洋垃圾根本不值一提！

对亚洲的喧闹产生共鸣

津 记得是1964年，我刚大学毕业做小编辑时，每月要跑几趟位于青山学院旁的杉浦先生事务所→⑫。那时您的房间里就不时响起亚洲和伊斯兰音乐，当时几乎没人听那种音乐。也就是说您还在去乌尔姆以前，也是亲历亚洲之前，就对亚洲产生了浓厚的兴趣吧？

杉 是啊。那么不妨在此简单讲述一下旧事吧，虽然有点像回忆录的味道。

我出生在昭和七年（1932年），五年后爆发了"卢沟桥事变"。小学时代正是日军发动"大东亚战争"，大举入侵中国和东南亚的时期。随着侵略战争的深化，小学里经常要求学生画亚洲地图。我也喜欢画，经常画印支半岛的地图。特别喜欢的是马来半岛，它顶端的苏门答腊、爪哇、文莱和西里伯斯呈圆弧形向前延伸着。我最爱画的是看似各种动物形状的地图。由于上述原因，我的亚洲情结是所谓帝国主义肆虐暴戾、扭曲时代的产物。然而也是由此，我才对亚洲那些与战争不相干的部

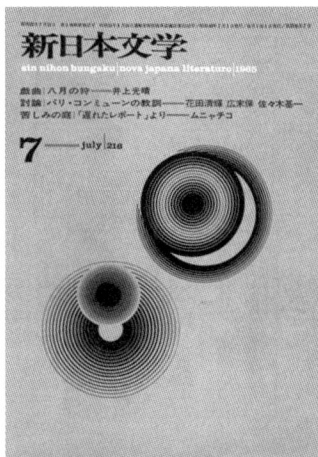

⑫——津野海太郎参加编辑，杉浦设计的杂志《新日本文学》。1965年。

分萌发了兴致，诸如地形地貌、风土人情等。

战后进入初中、高中时代，因为我本来酷爱音乐，所以经常绕道东京新宿的旧唱片店。大概那是战时日本军方文化政策的组成部分，他们让东洋音乐学会的学者们带着贝洛·巴尔托克(Béla Bartók)[1]用的那种留声机型录音机到亚洲各地，录下大量当地的音乐。各唱片公司以"亚洲音乐大全"或"南方音乐"等为题，于1940、1941年相继推出一大套系列SP唱片。战后这些唱片一文不值，无人问津。我就是买来这种唱片，反复欣赏那些曲子的。

我收集的唱片可不少，比如蒙古男声四重唱，听着那高亢的《成吉思汗之歌》就让人热血沸腾、情绪激昂。还有两三首巴厘岛的甘姆兰(Gamelan)[2]曲。我可以足不出户，用自己的耳朵去确认据说当年德彪西(Claude Debussy)在巴黎世博会上听到并受其影响的甘姆兰曲调——"嘿，原来是它！"所以，当面对战后洪水猛兽般涌入的美国文化时，我的意识深处已经积淀了对自己的文化渊源即亚洲文化深深的关切。在这样的背景下，亚洲对于我并不陌生，反而感觉像在自己体内一样的亲近。

津 说起录音机来，我记得不知是哪一年的新年，我和高桥悠治、斋藤晴彦几个人到神田的明治神宫参拜，当我们坐下来喝酒听着"神田囃子"[3]的时候，只见旁边有一个人肩上挎着特大录音机正在录音。定神一看却是杉浦先生。那是架什么录音机呀？

杉 应该是专业的"奥克曼"(Walkman)吧。我是自从录音机问世就开始了和它打交道。1964年东京举办奥运会时，NHK(日本放送协会)为了跟踪录音短跑选手喘气的声音，由"索尼"(SONY)研发了一种叫做"传助"的便携式录音机。记得我特别订购了一台现在看来傻大笨重的家伙，第一次去乌尔姆时就是带着它的。到亚洲各国去时也一定要录音。录音比起仅凭现场听，音的感受性明显放大。这对了解自然中声音的状态很有帮助。

[1] 贝洛·巴尔托克(1881—1945)，匈牙利作曲家、钢琴家，20世纪最重要的音乐家之一。——译注

[2] 甘姆兰(Gamelan)，东南亚特别是印度尼西亚以传统打击乐器合奏的音乐，或指其乐器的总称。——译注

[3] 囃子，《玉篇·口部》："囃(cà)，助舞声。"音乐由笛子、小鼓、大鼓、太鼓四种乐器组成。——译注

令人窒息的五感旋涡

津 这么说您并非仅仅为了搜集亚洲的声音了？

杉 最初确实是为了搜集声音而录音，但我不断有新的发现。比如说麦克风的感受性与人的耳朵完全不同。所不同者，即麦克风拾音没有选择。凡是自己录过音的人都会怀疑，这种既拾杂音感度又差的装置怎么可能录到惬意的妙音呢……然而它却有敏感度好到无以复加的一面。麦克风可以录进去我们无法察觉的人的呼吸声和乐器的摩擦音。总之，录音就是和麦克风打交道，即将人的感受性切换成麦克风的感受性，一种换位思维。这样一来，声音空间的感觉会截然不同。1972年我访问印度时，曾夜访泰姬陵。那天夜里，圆月中空，空中浮云点点，月亮在云间时隐时现，忽明忽暗。泰姬陵是一位叫沙杰汉的帝王为悼念他的宠妃之死，用白色大理石修建的陵寝。白色大理石白天吸足了紫外线，释放出绝妙的光色，用照相机是绝对无法捕捉到它的。人的眼睛有时会看得见，对这种微妙的物质产生感应。夜晚有夜晚的好处，月亮从云间一探头，光便渗透到白色大理石的肌理中，整座建筑像萤石般逸光隐现。你缓步走近建筑物，石头的肌体温热。它把白天积蓄的热能释放于黑夜，就像接近人的体温的感觉。它在月光下忽明忽暗，重复着同样的呼吸。一座有体温的建筑……这就是满月之夜的泰姬陵。

周围沉浸在一片蛙声的海洋中，然而人的五感却蓦地全部变成视觉，或者只有皮肤感觉，或者只剩下听觉。只剩下听觉的时候，蛙声聒耳。然而当精神集中到视觉上时，则入空灵之境，沉浸在呼吸着的光影中。令人窒息的五感旋涡，这就是亚洲啊！这是我1972年初次体验亚洲时难忘的记忆。

这种绝妙的感觉交替用今天的器材果然能记录下来吗？我想未必。就说蛙声，要想以麦克风的感受性能像听到的那样记录下来，除非把麦克风送到青蛙嘴边，否则就连同其他杂七杂八的声音统统录进去了。而人的耳朵却偏偏能清楚地听见远处的蛙声。夜幕下的泰姬陵，正是在这个稀世之地让我第一次痛切地感受到了人的五感的功能与现代种种器材、20世纪的尖端科技之间的差异。归根结底，用麦克风录音时其实是在发挥麦克风的感受性，把自己完全变成麦克风。所以那不能等同于人。

津 也就是说"我"是主语，而麦克风也是一个主语。

杉 它作为不同于人的五感的相位，我理解它是另一种人格。

——2002 年 8 月 6 日 于东京

印度的文字

——潜藏于民众中的丰饶的美意识　杉浦康平

原载《读卖新闻》1972年3月14日

伫立皇妃陵前

迎来独立25周年和孟加拉胜利的1月26日，我们的车离开了沉浸在印度独立纪念日狂欢中的德里，一路驶向阿格拉。路上三个半小时，穿越了彩虹飞架的原野，和恍若与世隔绝优游在柏油路上的大象擦肩而过，抵达阿格拉时早已是日暮时分。阿格拉，一座生活气息十足的古都，低矮的房屋鳞次栉比。

我们决定立即赶赴泰姬陵。泰姬陵笼罩在一片蛙噪的喧闹中，那声音尖锐悠长，时断时续、此起彼伏。它隐隐地被黑暗托起。夜色朦胧，微光潋荡。月光躲进云里，它便向暗中隐去。宛若巨大的白色大理石在做着深呼吸。而随之而来的隐秘体验，像闪电一样划过我的全身。

这座经过图像学、几何学上精密设计的伊斯兰风格的陵寝，令通向它核心的甬道和人们的动线婉转徘徊。步移景易，泰姬陵在人们的视线中变幻莫测。来到最后一层基座时，我们被要求套上鞋套或打赤脚。我选择了打赤脚。白色大理石在脚下隐隐泛光。我在上面走着走着忽然发觉，赤脚接触到的大理石的凉意与它的表面温度有着微妙的差异。

我定了定神，再一次在它的周围小心翼翼地移步，走向皇妃泰姬·玛哈尔陵墓的核心位置。当陵寝入口的垂直墙壁泛着白逼近眼前的时候，突然一阵温热的气息扑面而来。一种类似人体肌肤的温馨气息。

赤脚倾听渺渺之音，感受隐隐之光

这座建筑用马赛克装饰的内壁，像服饰的花纹一样细腻，我把身体倚在它的一隅，伫立不动，温度一下子升高。白色大理石积蓄了白天阳光的热量。我与宛如丰腴的女性般圆润隆起的陵寝产生了奇妙的感应。

我做梦也没有想到一个以肌肤感觉拥抱我的泰姬陵。这是巨大的震撼。平时被西服革履覆盖的、如死去一般迟钝的肌肤感觉——触觉，在黑暗中触及大地的脚掌上被唤醒，是那样的强烈、鲜活。我甚至感觉到，赤裸的双脚同时是在倾听着渺渺之音，感受着隐隐之光。

其实，为了对这次的调查旅行做记录，我随身携带着立体声录音机和照相机。它们堪称日本技术创新最具代表性的器材，如今作为人的耳朵和眼睛的代用品得到普及，都是性能很好的设备。然而，这些感觉代用品却是绝对无法记录下这一瞬间的。不仅因为现场的刺激极其微细，还因为如今的器材过度分解成了单一的感觉体系。正像这些器材象征的那样，我们的文明是将五感割裂开来，然后定向进化的，这一点是其后我在印度的大地上也多次感受到、无法释怀的。

逆光映衬、随风舞动的莎丽[1]很美。每当看到它那个性化的配色之妙以及印度寺院中那些与香火同时供奉的无数花环的绚丽色彩，我都为潜藏于民众中的丰饶的美意识而惊叹。正因为这种潜移默化的艺术感觉从来都是无意识的，与他们的存在本身不可分割地融为一体，反而能产生强大的震撼力。

跃动的文字，音与形的结合

走在街上，墙上四处可见选举在即的标语口号。在加尔各答用孟加拉文字，孟买和德里用天城文字(类似梵文)……这些字尽管是匆忙写上去的，但却龙飞凤舞，挥洒自如。连立在路上的巨大交通管制牌的字迹，都有一股纵横跌宕的笔势。莫非人人都是书法家？我突然联想到自己已失去了习书的习惯，不禁颓然。当活字文化铺天盖地而来时，难道不是它——谁都认识却又不属于谁的活字这种社会化文字形态，从我们身边驱逐了

肉体化的语言吗？

我们在三座城市见到多位文字和语言学者。其中一位书法家在为我讲解印度文字特性的时候，不断地大呼大叫，比如他把"喀"(相当于日语的第一个元音)拖长音，挥笔而大叫，无可挑剔的字形跃然纸上。这个过程在我的眼睛和耳朵里打下了难以磨灭的烙印。

支持天城文字和孟加拉文字的人们(相当于印度总人口的三分之一)带着民族主义感伤回顾的文字，正是古代婆罗谜文字。这种文字是系统的音标文字，它也是记录瑜伽行者日常修炼呼吸法时诵"AUM"(相当于基督教的"阿门")这个人类初始发声的文字，当看到它也被写在载客的三轮人力车上时，我惊悟：音和形之间千丝万缕的联系在印度民众心目中是"共存"的，感觉之间是紧紧地相互"联系"在一起的啊。

文字的"活字化"奠定了现代信息社会的基础。它在扩大读者层的过程中，丢掉了文字蕴涵的魔力，印刷出来的只有文字之形，音读演化成默读。同时，它还诱发了不可视的精神与物质的脱节……这是多么令人痛心疾首啊。

混沌中的大调和

在加尔各答市区，道路的所有部分都对人也对

牛开放，而且任何地方都可以任意横穿马路。更有甚者，类似摩托车上加个棚的轻型三轮车、绰号"印度象"的国产车、公交车和卡车也都各行其是，驶往任意的方向，公路上一派混沌。

牛车也拉人，而汽车在市区也像牛一样跑。这种国产车时速不超过60公里，况且也不需要超过。街上时速0~80公里的交通工具摩肩接踵，"连续"不断。在我们这些追求 GNP 的日本人眼里看似前近代的景象，在印度的自然中却不可思议地和谐"共存"。这里看不到装置和机构要从自然中被割裂开来、在人类社会中占据显要地位的迹象。

这难道不是印度对已经没有退路的我们不远的将来提出的巨大疑问吗？

【注】 作为联合国教科文组织东京出版中心的亚洲地域出版情况调查员，一行四人(松居直夫妇，是为了探讨在亚洲十四国联合出版绘本图书问题并调查各国出版界情况；樱田方子，为了调查亚洲出版研修课程在各地的反响；还有我)1月中旬从东京出发。我在印度的任务是，为印度政府委托举办的印度公用文字(天城文字)活字开发研讨会进行基础调查。

⑴莎丽(Sari)，印度妇女服饰，用整块的布或绸缎，从头顶或肩部披下，包裹全身。——译注

壽
"shòu"
The character 壽 "longevity" apparently derives from two older characters: 老 "old (age),"
a character that has survived to the present day, and the now obsolete "furrow(s)," or field ridges. The first depicts an old person hunched over with long hair and, according to some, a cane. The second combines undulating furrows with 口, a ritual offering that was placed at strategic parts of the field to petition the field gods for a bountiful harvest.
Thus, we find that 壽 "longevity" is more than merely auspicious: it is a character with character.
THE 70TH ANNIVERSARY
写研創立70年記念
shaken

The handicrafts of Bhutan, rich in range, unique in character, and renowned in their intricate and superb craftsmanship, reflect a vigorous and thriving tradition that has come down untouched through the ages... p.17

BHUTAN

འབྲུག

The Tshechu festival is an annual occasion for Bhutanese common folk to remember Guru Rimpoche's past activities in our world and to refresh and strengthen their faith in him... p.29

From archery contests to the painting of murals, from the phenomenon of birth to that of sickness and death, almost each significant moment in the life of a Bhutanese is, in one way or another, linked with religion... p.40

Today, the country, under the dynamic leadership of the world's youngest monarch His Majesty Jigme Singye Wangchuck, is all set to achieve a happy co-existence of tradition and progress... p.45

「インド祭」公演

The Festival of
India
In Japan

Music

インド民族音楽の祭典

インド古典音楽の世界

1988
Min On

040页——「千寿云集」。文字（汉字）是重叠多意的复合文字（汉字）是重叠多意的复合文字。向四面释放、灵气飞动。「写研」（股份公司）创立七十周年纪念海报。设计＝杉浦康平＋佐藤笃司。插图＝武田育雄。1995年。

041页——ASIAN CULTURE 35 期「不丹」(联合国教科文组织亚洲文化中心)的特装本。绘有日月运行的世界图。驾五彩祥云，倘徉天宇。设计＝杉浦康平＋谷村彰彦。插图＝渡边富士雄。1983年。

左—《印度音乐节》。节目单封面设计。细密画中描绘的花鸟凤凰济济一堂，奏响印度情调的拉格(RAGA)旋律。设计＝杉浦康平＋谷村彰彦。1988年。

右—「如果眼泪是珍珠—伽俑·鼓」。池成子＋高田绿的演唱会宣传。使人产生韩文字母联想的格子纹样与李朝民画相映成趣……设计＝杉浦康平＋赤崎正一。1993年。

把传统文化传承下去

安尚秀×吕敬人×杉浦康平

2003 年 8 月 26 日，安尚秀从韩国、杉浦康平从日本来到北京，聚在京北吕敬人的居所。这是为探讨亚洲的书籍、文字、设计，由《书与电脑》编辑室策划的东亚联合出版项目《东亚四地：书的新文化》的组成部分。借助沟通汉语、韩语、日语的三位翻译的帮助，一场热烈的讨论从上午持续到下午，历时数小时。语言的不同被化解，三人畅叙过去、现在和未来。为构建一个联结东亚并超越东亚的圆环……

将宇宙浓缩于书这个容器中

杉 为了今天的聚会,安尚秀先生从首尔、我从东京赶到北京。在此感谢吕先生为我们三人的团聚提供如此漂亮的场所。

三人交谈之所以称为"鼎谈",是因为"鼎"字的原形是三足的鼎,今天这三足分别是安先生、吕先生和我。"鼎"是宗庙祭祀的青铜器,古代用于占卦,即试图聆听神明昭示未来的声音。"贞"即占卦,在日语里与"鼎"字同音,有聆听神明声音之意。因此我希望 支撑"鼎"的三人就各自的设计经验和看法,或者各自国家的传统文化交换意见,作为"贞"悉心聆听,进一步加深理解和共识。

首先简单谈一下我对书籍设计的看法。我在大学里学过建筑专业,中途改变方针,走上设计师之路。因此我把书视为与建筑物一样的三维立体。在建筑学上,将空间切割成平面图、立面图等几种图面。经过横切纵剖,提取局部进行分析、解体。空间是以无数图面的聚积来表现的。将其应用于书籍,书好比是集合这些图面的载体,即一本书中容纳着广阔的空间。在这一点上,我认为自己在设计的基本构造上确立的视角和构思方法与平面设计专业出来的人有所不同。今天我介绍一两种集中体现了这种设计思想的书。

046

① 以三足稳立的青铜器「鼎」及其金文(左上)。河南省洛阳出土,商代。

　　首先豪华版《传真言院两界曼荼罗》是1977年发行的，两个大函套里共装六册书，其中两本卷轴装、两本经折装，还有两本西式装订本。之所以分成两个函套，是考虑到这本书的主题是成对绘制的两部曼荼罗。两部曼荼罗可相对而挂。端坐中央的佛都是大日如来，即开示密教教义的佛祇。相对悬挂两部曼荼罗，透过中央的大日如来融合为一。也就是说，把一个理念从两个侧面进行图解。这是缺一不可的曼荼罗……

两界曼荼罗8世纪末诞生于中国。日本的弘法大师(空海)从唐朝的长安请回日本。其后在佛教衰微的中国失传，而日本保存至今。

"二而不二，合二为一。"曼荼罗主张"二而不二"的理念。为了表达这种理念，我在设计中注入了各种对称的要素。首先准备了金银两个函套。胎藏界曼荼罗以代表阳光的金色函套象征，烫印上表示万物初始的梵字"阿"；金刚界曼荼罗则以代表月光的银色函套象征，烫印上表示万物终结的梵字"吽"。

打开金色函套首先出现的是两部曼荼罗复制件的卦轴。曼荼罗可以像在佛教寺院的佛堂一样挂在家中欣赏。

接着出现的是两本经折装摄影集。胎藏界曼荼罗的经折本为金色，金刚界曼荼罗为银色布装。这种经折装形式起源于印度的"贝叶本"，完成于中国。随着翻页的过程，就会产生循序朝觐曼荼罗内部世界的感觉。

②—《教王护国寺藏传真言院两界曼荼罗》(平凡社，1977)，编辑、装帧设计＝杉浦康平，策划、摄影＝石元泰博。在金银色锦缎包装的两只特制函套(徐漆木函)中，收纳着介绍两界曼荼罗(一对)的两幅挂轴、两册经折装曼荼罗图以及摄影集和解说本。总重量35公斤。

制作过程中我才发现，这种经折装的形式可以自由自在地比较两个以上的图面。这其中隐藏着伶俐的展开法。

卷轴装和经折装是东方特有的造本形式，而银色函套中收纳着另一组金银色的西式装钉本——摄影集和解说本。胎藏界与金刚界这"两部"曼荼罗合二为"一"，才是两界曼荼罗。让各种不同的对立原理奔突冲涌，以展现"合一的宇宙原理"。如何浓缩宇宙？这套书恰恰以一对曼荼罗展示的宇宙原理为设计主题，通过东西方装帧的两种形式来完成的。

安 我从杉浦先生的作品中总能感觉到宇宙般深远的意境。那是一种以"阴阳照应"为设计哲学的致密结构，精湛的设计。

人与自然形成圆环

杉 另一本书是设计吉本隆明著的长篇诗，他是

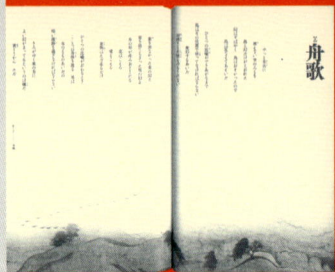

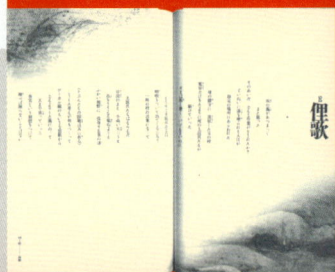

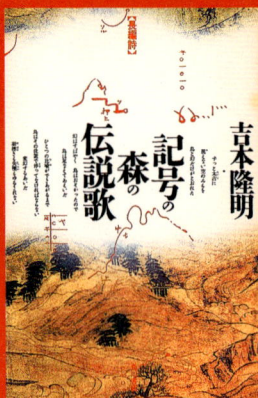

050

日本的思想家、哲学家、诗人、文学家。诗由七章组成，分别引入自古以来的说唱传统，使说唱本身意象化。主题或为现在的意象风景，或为咏古讽今，起伏跌宕，时空交错。总体是文学的、哲学的和现代的内容，清晰地传达着这是一位思想家的作品的气息。

我为它考虑的设计是让书页边缘的风景渐渐地移动，读者仿佛边读诗篇边徜徉在日本庭院。从地脚、书角、左切口……再到天头完成一个循环。风景随着书的四边移动。风景使用了作于中世纪的日本画长卷的部分画面。

我尝试通过在书中营造循环一周的圆环世界，将人与环绕人的世界、现在与过去融于一体。虽然是本小书，但颇用了一番心思。封面上跳跃的线为日本古乐记谱法、佛乐声明谱，或者三弦琴谱，

③—吉本隆明的诗集《记号森林的传说》（角川书店，1986）。函套的设计（050页左下）、切口的渗纹的设计（050页左下）、切口的渗纹（051）页。正文，对开页四边顺时针移动的风景画（050页四幅）。设计＝杉浦康平＋赤崎正一。

就是让人们看到这些起伏的线谱自然地想发出声音，想歌唱起来的感觉。这就是我的设计意图。

我素来的想法简而言之，就是印度贤士在哲学著作《奥义书》中所说的"一粒种子内藏一个宇宙"。一本书是小小的种子，是小小的颗粒。从整个世界来看，一本书非常渺小，然而这小小的容器却能浓缩整个宇宙。这种意图虽然还没有完全达到，但我进行设计时总在向往这个境界。

吕 杉浦先生的设计，不只是单纯物理性地在做书，更是视觉性地表现作家的灵魂与核心思想，同时把自己对东洋文化的理解，贴切地融入作品里，呈现出来的效果是不只用眼睛去读，而是可以用"心"去读。先生在设计上所使用的象征图案，全都与书的内容有着密切的关联。例如，像吉本隆明的书上所使用的日本三弦琴谱，就是个很好的例子，我确实能体验犹如有人在唱歌的感觉。

《报告书／报告书》，特立独行的实验

安 我曾经用耳朵读书，而不是眼睛。因为小时候父亲每天晚上给祖母念书，我都在旁边听。至今我还记得韩国传统的纸(韩纸)那种软软的、轻飘飘的手感，以及在昏暗的房间里听到的父亲的声音。那声音听起来就像音乐。父亲常常教诲我们"册贱父贱"，意思是说要如同敬父一样尊书。当时凡是写着字的纸，不管什么纸都不准放在厕所里。这些经历对我产生了影响。

杉 日本也有类似的情况。从书上跨过非得挨骂。还必须把书顶到头上一次，然后再放回榻榻米。

安 另外一点是我认识了韩文字。我刚开始从事设计时，韩文字的书体和表现手法还不像现在这样丰富。我从那时开始了尝试以各种方法表现韩文字。

为了更进一步尝试韩文字表现法，我于1988年创刊了《报告书／

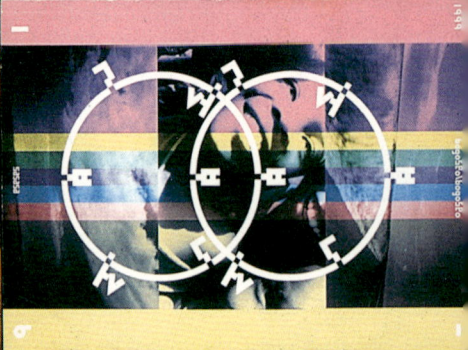

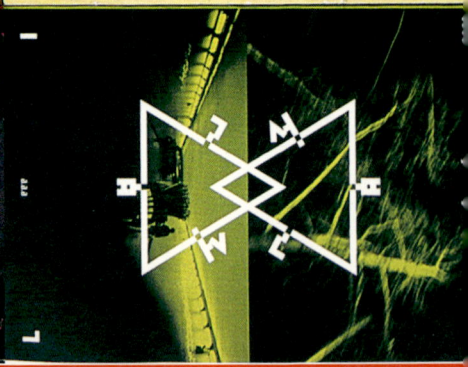

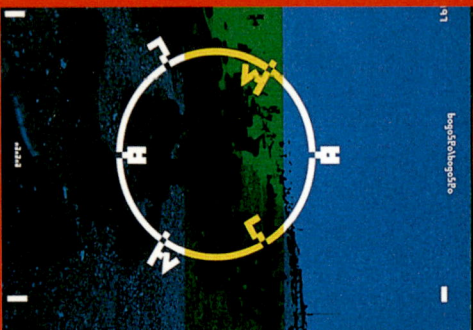

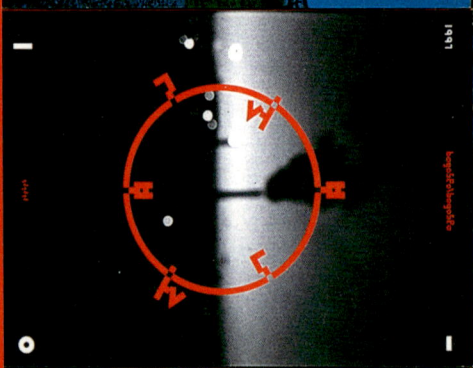

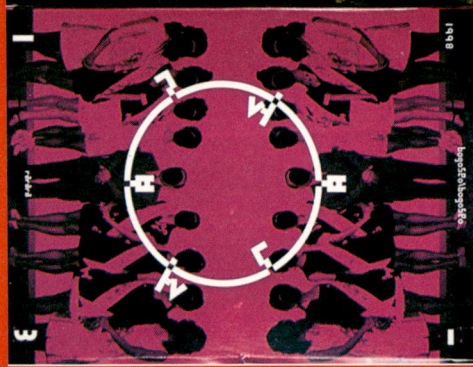

报告书》。这是一本记录对韩国以及其他国家"文化创意人"访谈的杂志。人类创造的奥秘、想象力的源泉都是我感兴趣的。杂志文本成了实验韩文的文字编排设计（Typography）可能性的材料。

我本来就是从编辑杂志起步的，所以杂志的形式至今仍感觉亲切。

杉 杂志这个形式像有生命的人一样具有盎然的生趣。安先生就是喜欢杂志这样的形式吧。

安 是的。杂志灵活，应变能力强。我尤其偏爱杂志的"杂"字。这个字凝聚了一种混沌原始的能量。

吕 虽然我不懂韩文，一点儿也不理解它的内容，但是看《报告书／报告书》的文字编排设计，就感到好像在看漂亮的画或戏剧，音乐性很强。

杉 对，这是安先生的特点。安先生向来很善于抓住最新的西洋设计感觉。巧妙地把五感结合起来……他身上有一股将欧洲和亚洲，即欧亚大陆的东西端联结的诗一般的丰富感受力。

④ ——《报告书／报告书》（安平面设计室，1988—）的封面。设计＝安尚秀。这是一本以访谈和作品形式推介设计师、美术家的活动的杂志。每篇报道都在文字编排设计和编辑设计方面进行着别具新意的尝试。参照第 084-085 页。

汉字，宇宙文字的诱惑

吕 我是在汉字文化的环境里长大的。我的父亲非常喜爱书法，也是书法和水墨画的收藏家。他把收集回来的那些字画都裱起来，然后收藏在楠木盒里，偶尔会拿出来晾晒。我们兄弟也会帮忙把字画摊开到地上，这时父亲就会把字画一幅一幅地讲解给我们听。母亲也会跟我们说许多故事，当时她教我的成语到现在我还记得非常清楚。

汉字里有三百多"字素"的文字，字素的组合共有七种十四类型，所以文字的构成方式千变万化、趣味盎然。字体或字形也有许多，仅篆书的字体就有一百三十种。在书法里所使用的书体扩大了汉字艺术的表现空间。例如，篆书有气势的曲线充满着力量，隶书则呈现"一波三折"的波浪形状，充满着美丽，而楷书的特征在于其直线表现出一种雄浑的气势。

汉字像不可思议的宇宙一样。我觉得中国人很幸运，因为我们拥有这些象形文字的书写系统，有很丰富的表现潜力，因此一直被沿用到现在。目前中国大陆使用简体字，也是从浩瀚的字源里诞生出来的新汉字。例如，繁体字的"淚"字的简体字是"泪"，意思就是从眼睛里流出的水。

1998年，我设计了一本书叫做《朱熹榜书千字文》。朱熹(1130—1200)是南宋的儒学者，朱子是他的尊称，他的学问被称为"理学"。千字文是学习汉字的启蒙书，在南北朝梁武帝(6世纪中)时期完成，从隋代(581—618)开始流行。这是由一千个互不重复的字构成的长篇韵文，四字一句，句子押韵，然后每两个句子形成一个意思。内容主要是自然、社会、历史、人伦、教育等知识，表现了中国人的宇宙观、伦理观、价值观。

当我看到在安徽省残留下来的朱熹《千字文》拓本时，受到很大的震撼，它代表了中国文化的精髓，细致地描绘出宇宙本身。于是我就把这个《千字文》以原尺寸进行复制，整套书分成三册，各册封面采用构成朱熹文字的主要元素，如"点"、"撇"、"捺"，每册各采用一个。包装三册的盒子是木制的，因为我想表现出木版刻字印刷的感觉。

安 我认为吕先生的作品是既严谨又大胆的艺术，它建立在中国悠久伟大的文化传统和汉字想象力的基础之上。从中能感觉到吕先生为人谦和。吕先生的作品总能给我带来震撼和刺激。

巧妙融入古老的文化

吕 接下来让大家看另外一本书。这本书是冯骥才的《三寸金莲》豪华版《绘图金莲传》。冯骥才是当代著名的小说家，这本小说是描述中国妇女缠足的旧习俗，"金莲"是指缠足女性的脚。这本书得到了很多读者的喜爱。在众多读者里有一位叫任步武的老书法家，看了这本小说后非常感动，于是用蝇头小楷把整本小说一个字一个字地抄写了一遍，一共花了三年的时间才完成。

当我看到有人会付出那么多的心血做这件事，就产生了要好好

⑤—《朱熹榜书千字文》（中国青年出版社，1998）。书籍设计＝吕敬人。该书以原尺寸复制拓本，分三册收纳于桐木函套中。函套表面为激光雕板的千字文。文字为现代明朝体活字。模仿版刻、反向刻字。

⑥—冯骥才《绘图金莲传》（香港新风出版社，2001）。书籍设计＝吕敬人。书写＝任步武。在收纳手抄本（复刻）的中国传统外函中曾尝试放进金莲的实物。

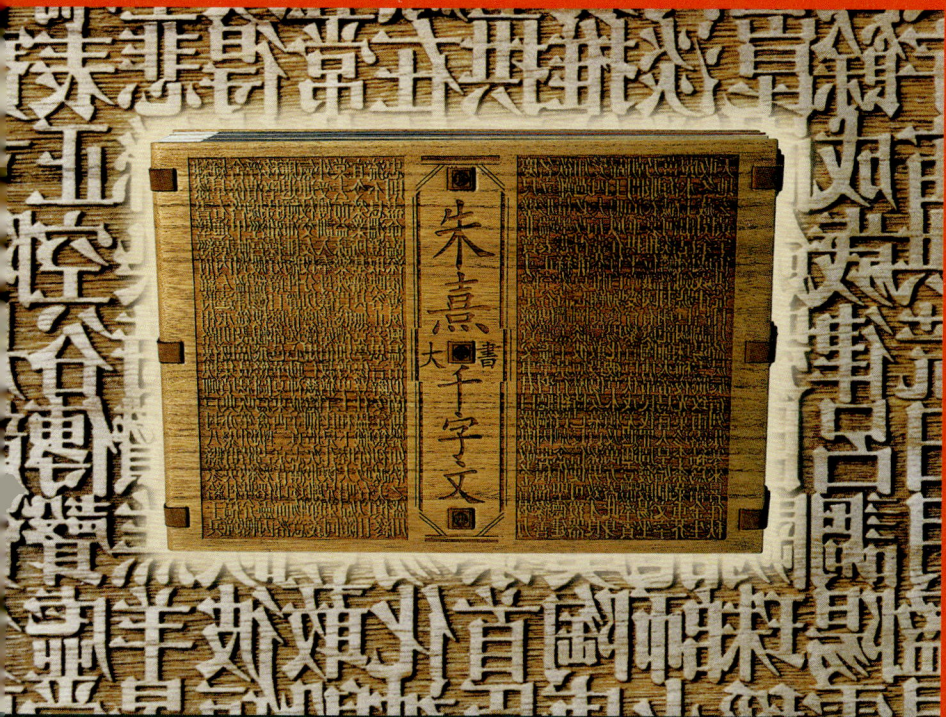

⑤

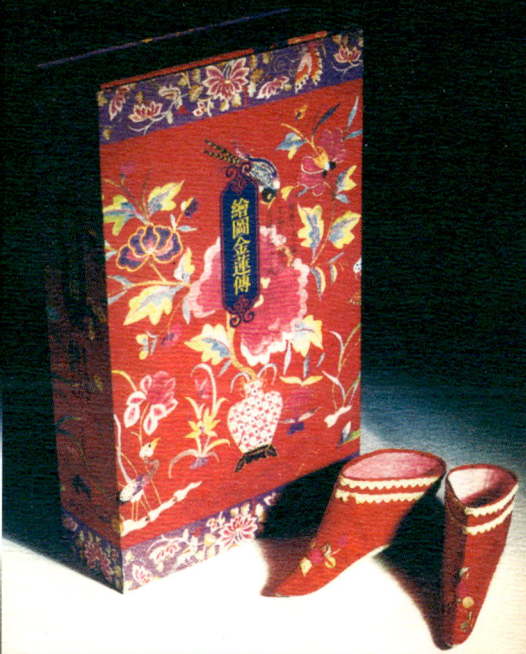

⑥

地装帧这本书的念头。由于它是一本当代小说，所以我希望把它设计得好看一点来吸引年轻读者。为此，我收集了各式各样有关缠足传统的资料，然后把这些元素放在设计里面。我把盒子表面设计成缠足女子裤子的形象，盒盖子两侧是互相联结着的，象征了互相缠绕的小脚。把盒子打开，里面是一本被缠足布盖着的书，而在盒子后面则印着一首关于缠足的诗，这是为了要让年轻人了解那个时代的社会状况和风俗，尤其是当时女性的社会地位。

　　另外，我原本还想把缠足穿的"三寸金莲"放在盒子里，但是由于成本太高而被出版社拒绝了。

杉　就像刚刚所看到的那样，吕先生是以今天的读者摸得着的形式，巧妙地把中国的传统文化融入书籍设计之中。是否可以认为这是吕先生的抵抗？是对人们以电视或电脑的虚拟现实为满足的当今时代的抗议？

吕　数码科技的确是一种很方便的技术，但是同时也出现了很多负面的后果。年轻人每天都沉迷于电脑或电子游戏里，所以看书的

⑦——《食物本草》［北京图书馆出版社，2001］"书籍设计＝吕敬人，从清代使用的竹编饭盒得到启示，制成像手工艺品的外函。"设计稿与成品。函套内收纳有四册精致的复刻本。中国文化部「中华善本再造工程」之一。

时间越来越少，结果是知识的"容量"变少，现在的青年对中国传统文化的伟大几乎是不了解的。

我做书时不喜欢模仿或复制古书，我喜欢将一些新元素，跟传统文化结合在一起，这样才能带给读者新鲜感。我希望利用这种方式来吸引年轻的读者，让他们把敲键盘的双手用来翻翻书。

杉 吕先生现在尝试的正是如何把中国的传统文化、传统技术与现代的书籍设计相结合。书籍是成批生产的，所以需要批量生产的机制。你在挑战一个非常重要的课题，即如何在做书这个工业制品生产过程中，恢复中国的传统技术的问题。

为让传统文化重新焕发青春，难免会遇到的问题是如何发掘那些继承和保存着中国传统文化精湛技艺的人们？同时，靠零散的作坊勉强维系的这些技术，如何才能与批量生产挂钩？

吕 目前在中国，为保存传统文化方面付出努力的人还不多。现在，人们每天都追逐着流行、潮流，这一点不单发生在书的领域，也包括生活里的任何事物。现在倾向现代化和西方化的推动力仍然很强。

因为现代的中国人依然使用着汉字，所以容易被误解为中国人活在传统文化里。但是事实上并不然。从1949年中华人民共和国成

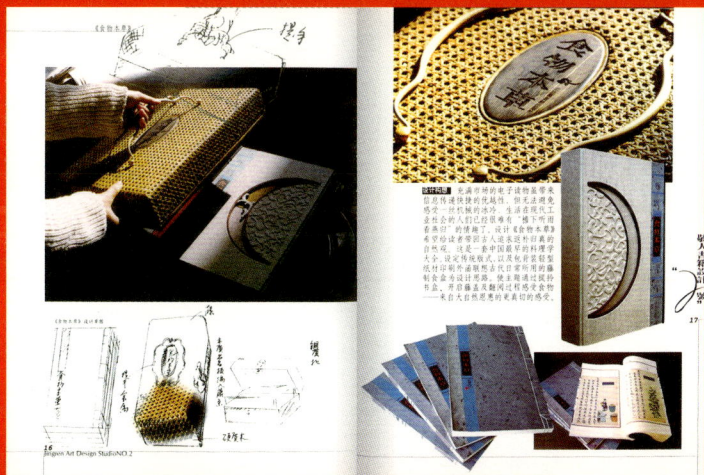

⑦

立开始，我们所使用的语言随着政治背景不断地在变化。就好像当大学生听到我这种年纪的人说话时，听起来都会觉得很奇怪。尽管同样是中文，但是当中却有很大的代沟。

每当我为书进行设计时，尽可能把中国传统文化中最精致的元素结合在里面。当我想获取灵感时，我会到北京书店街琉璃厂逛逛，那里可以看到许多古书，还有许多古董买卖和旧家具店，从中可以窥见中国传统文化的美和智慧。

当我参与了中国文化部的"中华善本再造工程"后，有几次机会到了国家图书馆的地下书库参观他们的藏书。中国古代书籍的装帧艺术，简直让我大开眼界。从文字、版面设计、插图到印刷、装订、用纸和书函的形态……古书的多样性深深让我觉得震惊。与古籍的接触，让我对现代中国书籍设计往更高处发展有了更大的勇气和信心。

杉 吕先生善于沙里淘金，扬长避短。好眼力……

吕 不过，近年来连在民间会做中国传统装饰及手工艺的工匠数目也越来越少了。

现代人追求财富，却希望不劳而获，他们常常都处于浮躁的状

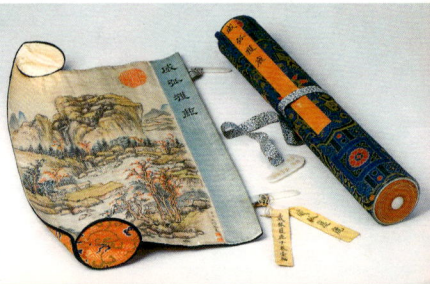

态，没有一刻能够安安静静地坐下来。传统工艺品极其优秀的原因，主要是因为艺人们能够全心全意投入在作业上的缘故吧。书籍是表达传统文化魅力的最佳媒介。昂贵的家具只有少数人才能买得起，但是书籍不同，那是很多人都可以拥有和欣赏的东西。

创造在未来"有传统价值的东西"

杉 如何在现代产业中弘扬传统工艺，这是韩国也面临的共同问题吧？韩国方面最令我钦佩的是，举办博物馆馆藏国宝级或重要文物类文物精品的复制大赛，包括家具、衣橱，贵族阶级两班[1]的帽子、服饰等。年轻人以及一些擅长手艺的工匠们全力以赴去模仿，做出来的东西完全可以乱真，再把复制品收藏到博物馆，韩国进行的是这样一种尝试。安先生是怎样看这种传统复兴的动向呢？

安 韩国确实有这样的动向，当然它也有正反两面。譬如说在上世纪90年代初，某家造纸公司策划了一个名为"纸展"的展览会。韩纸一向以质量上乘著称，很早就出口到中国。为了配合这次展览会，对国内采用传统方法造纸的地方进行了调查。造纸的通常是农民，夏天务农，冬天造纸。因为造纸用的草夏天容易腐烂，天不凉下来无法作业。

　　然而现在的纸全部变成了化学材料，造纸也不分季节了。为了

⑧——中国清代书籍艺术一例。上：描绘乾隆帝嗜好狩猎的卷轴《威弧获鹿》，以配有山水画的画套包装。画套据传为乾隆之子永瑢之作。下：乾隆手书《妙法莲华经》及函套。函套接合处呈如意云头形。

[1] 两班：朝鲜时代的贵族统治阶层，起源于10世纪王氏高丽初。为文武百官总称。拥有大量土地，免纳赋税，享有各种特权。——译注

减少成本，连"dug"(造韩纸用的一种纸浆)也是进口的。仓库里存放着从菲律宾进口的纸浆和化学材料。农民们的价值观变了，开始动脑筋想怎样能更省事地赚钱。我认为是资本主义毁掉了传统工艺。唯有一个人想恢复传统造纸，是位住在京畿道加平的尼姑。她不是做买卖，所以才有这种想法吧。

同样的情况不仅于造纸，几乎殃及整个传统工艺。诸如家具、金属工艺等传统工艺也遇此厄运，所以政府特别拨款将收集来的作品放在博物馆里展示。今后传统文化如何为现代文化所用，是个值得深思的问题。

杉 也就是说为了使传统再生，必须有周到的考虑、深邃的睿智和忍耐精神吧。安先生说到造纸，其实日本也和韩国一样面临着传统的造纸文化行将消亡的问题。日本传统的和纸价格昂贵，材料也很难买到，再加上没有人愿意整天把手浸在冷水中抄纸，和纸消失在即。

就在和纸濒临灭绝之际，越来越多的人开始注意到传统纸的手感，和纸的纤维极软、拢光，是一种特别有韵味的纸。重新抄纸后

又发现了这样那样的用途
和可能性，原本气息奄奄
的和纸工艺，在剩下最后
一口气时居然缓过来，逐
渐地苏醒了。纸工艺因而
变得非常有意思，前景看
好。相信今后一定会有更
多人挑战纸工艺。

吕 若要通过书籍把传
统文化的优点传达给读者，
我认为必须把书价尽量调
低，这样我们就可以更容
易得到更多的读者。因此，
我在做书的时候经常考虑
如何才能把成本降低？

例如，日本和韩国纸

张的品质很高，但是如果采用它，成本便会非常高。目前我正和位于黄山附近的造纸工厂合作，他们会按照我的要求去造纸，比方说要混入特别花样或颜色的，但费用只需要日本的十分之一左右。读者对于我所设计的书，一般都会有"用的纸还不错"的评语，所以我认为品质好的书，成本也不一定会很高，希望能尽我的努力把更多的书送到读者手上。

杉 我曾经走访亚洲多个国家，感触颇深的是每个国家本来濒临灭绝的传统文化，例如中国在"文化大革命"时期曾一度摒弃的老传统，现在又以各种形式悄然复活。少数民族的文化本来因受现代化浪潮的影响风雨飘摇，如今也迎来转机。这是一股不可遏制的力量，就像在地下蛰伏多年的蝉破土而出，欢叫不止。其力量的源泉，即与风土融为一体，植根于生活在那里的人们内心深处，融化在血液里的东西。这种记忆的力量已经到了在东亚喷涌的时候，我们应该不失时机地因势利导，使这种趋势能够形成气候。

我们往往只顾眼前，光想着往前迈出一步。为了迈出更坚实的一步，就必须仔细确认支持着这一步的前两步。有时过去的两步甚至是更重要的……

安 我认为传统其实就是"现代"的反映，所以不应该以过去和现在的概念进行时间的分割，过去与现在是连在一起的。本来嘛，从哪里开始是现在，哪里开始是过去，谁分得清呢？

⑨—韩国庆尚南道伽耶山海印寺藏《八万大藏经》。「大藏经」由81340块细密的雕版组成。14世纪。

传统不仅仅是过去的遗物，它是对那个时代最精致的部分、最新潮的东西狂热追求的结果，在历史的过程中久经磨砺、千锤百炼，得以继承至今。例如韩国海印寺藏《八万大藏经》、中国的敦煌石窟、日本的法隆寺等，都是那个时代最杰出的感觉和最具特征的设计所创造的艺术啊。

从这个角度想，无论现在还是过去在追求完美上是相通的。对未来有"传统"价值的东西，应该是我们还没有获得的，以全新概念打造的精品，即，传统的本质是建立在面向未来的精神基础之上。为此，需要从已有的传统中读取想象力和智慧。正如杉浦先生所说，"为了前进一步，回首过去"至关重要。

年轻人的梦，向未来的挑战

杉 安先生在韩国弘益大学推行创新的设计教学方案。你让学生们调查韩国现在的社会状况或传统文化，到期末把调查结果整理成书，设计出版。这个方案是非常好的创意，我很佩服。

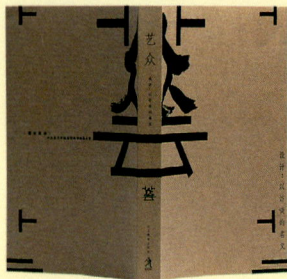

听说安先生从 2002 年夏天开始，用一年时间在北京的中央美术学院做客座教授，指导学生，在那里也推行了与韩国同样的方案吗？

安 是的。实施的是学生们采访北京的艺术家，即"相遇计划"。对象是从事"文化内容"创作的人，即作家、摄影家、电影导演、诗人等创作者。让学生自己去采访，是想让学生知道设计师的工作并非只是编排现成的素材。自己要成为生产信息的主体、拍照、收集资料、写作，在此基础上进行设计。这是一种训练，为了让学生做一个生产者型的设计师。采访的内容编辑成册，以《艺众》为题，由河北教育出版社出版了。

杉 一个非常令人欣慰的计划。花了多少时间制作呢？

安 从策划到制作只有五周时间。再加上北京的学生们没受过文字编排设计的基础教育，遇到的麻烦不少，但是大家都乐在其中，实力明显增强。他们的潜能实在令人惊讶。

我自己也有很大收获，充分体验了汉字在文字编排设计上具

⑩—《艺众》（河北教育出版社，2003）。该书是在安尚秀指导下，根据北京中央美术学院学生"现代中国艺术家采访计划"编辑出版的作品集。学生们一对一地分别采访艺术家（画家、电影导演、作家、音乐家、舞蹈家……），并尝试用实验性的文字编排设计来表达。

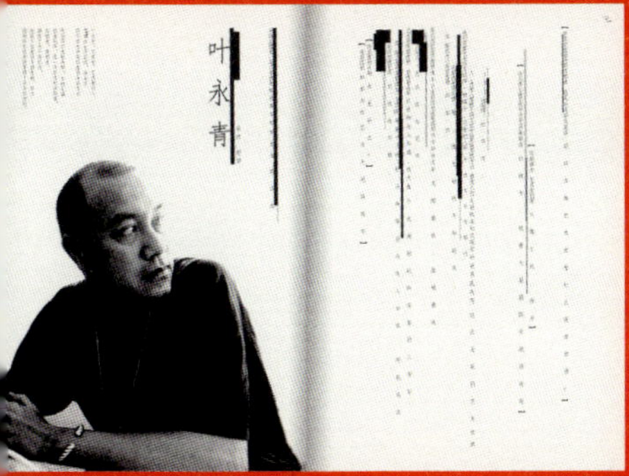
叶永青

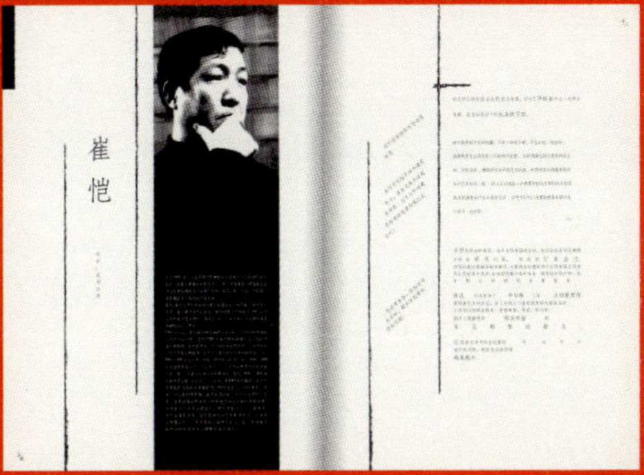
崔恺

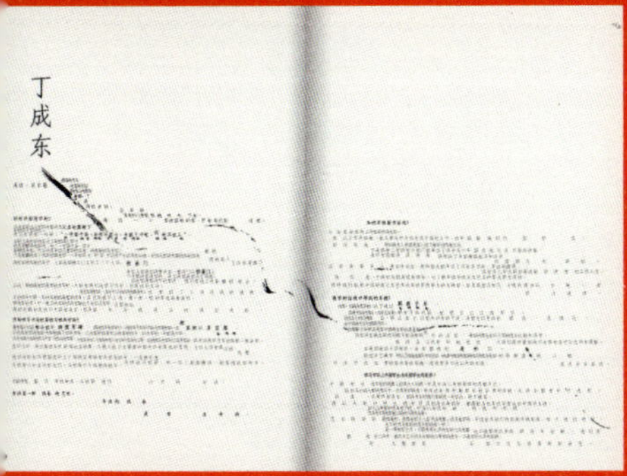
丁成东

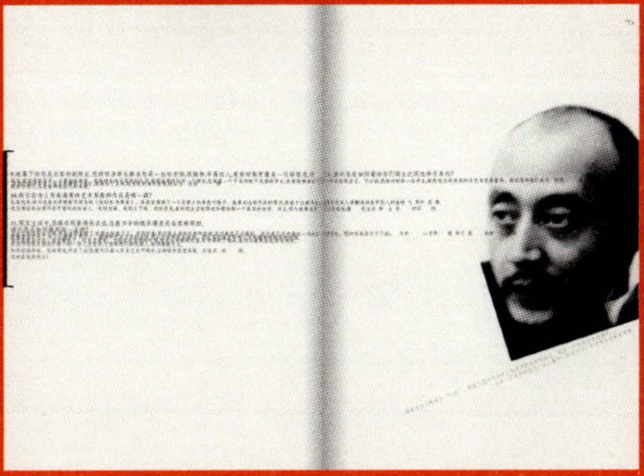

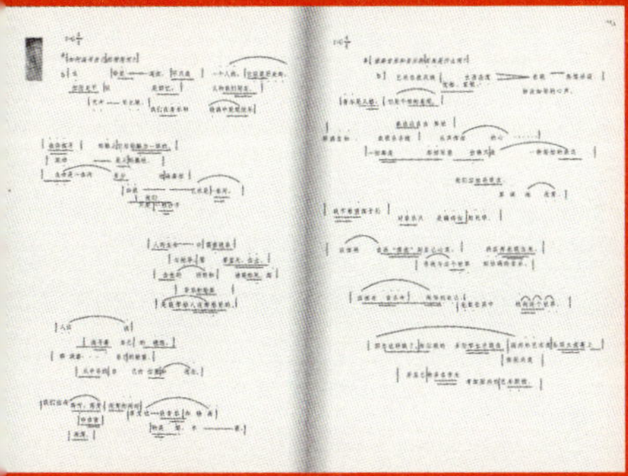

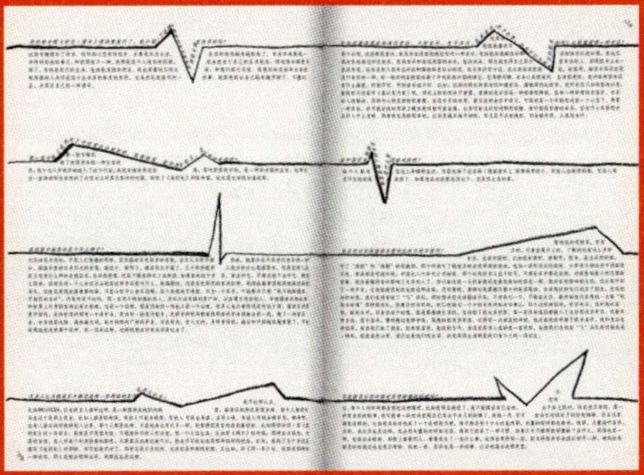

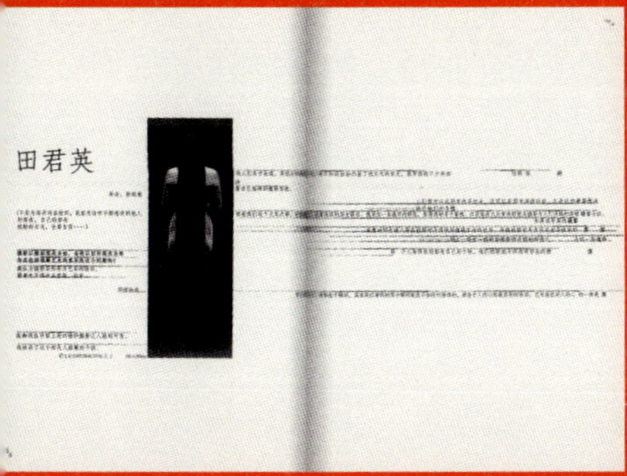
田君英

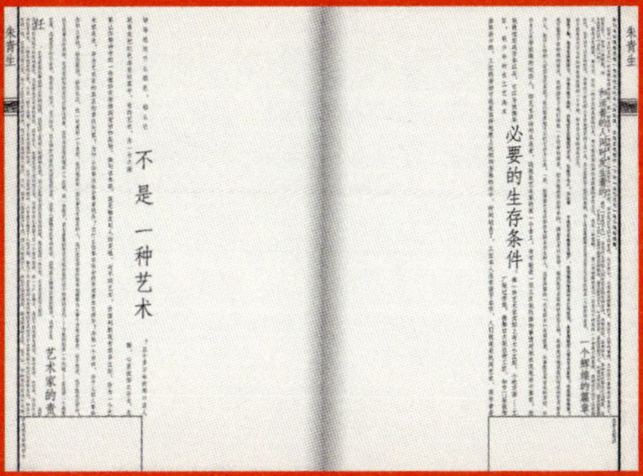
朱青生
不是一种艺术
艺术家的责
朱青生
必要的生存条件

有的可能性。

吕 那一定是学生们感受到安先生对教学的热忱吧。安先生每天都到大学去，热心地跟学生讨论他们遇到的问题，而且把中国诗人和文学家也介绍给他们认识，一直努力创造更多人与人接触的机会。和这些人接触不单是他们的艺术，也可以吸收对方的言语、思想、艺术等多方面的素养。经过了这种体验，我想学生们应该学到了很多东西吧。

安 我几乎不能讲汉语，所以无法像在韩国教学时讲得那么细。这部分不足就靠学生们发挥想象力，自己去做了。

我对学生强调的是"珍惜与采访对象的第一次相遇"。珍惜第一次相遇是因为，我认为由此可以产生各种可能性。我自己就是由于与杉浦先生、吕先生的相遇，对自己的设计产生很大的影响。

杉 吕先生也让清华大学和北京中央美术学院的学生开展包括书籍设计在内的种种尝试吧。

吕 老子有一个哲学观点"反者道之动"。这句话的意思是，传统并不是固定性的东西，而是经常会产生变化。有旧的东西才有新的东西出现，这个跟阴阳的道理相同，所以我在做书的过程中常常希望从"传统"里找到"现代"。

在大学的课程里，我会尽量把更多的中国传统文化传授给学生们。假如他们有办法理解吸收个中精髓的话，我想他们不会只是模

⑪—《书中梦游》（敬人设计工作室，2002）：该作品集汇集了在吕敬人指导下，北京中央美术学院学生"造书工程"的成果。

仿而已，还可以开拓各自的潜能。

我跟安先生一样曾在中央美术学院以客座教授的身份教学。我安排十个学生，从创作自己的故事开始，画自己的画，设计自己的书，连装订的素材也要他们自己找。我希望他们参与造书的整个过程。想要做好书不能只有设计的技术，要对书的内容有深入的理解才是最重要的。

杉 书的内容也是学生创作的吗？

吕 是的，大家写的故事都非常好。例如，有一位学生的作品是把书放进模拟的水容器中。因为有一天他看到北京出现了一场很严重的沙尘暴，一片赤红色的景象令他醒悟到自然生态环境的重要性。在书里面，他写着有水、空气、太阳，书与故事才会生长，生命亦然。

另外，还有一个从孟加拉来的留学生，他把收音机改装成为书。他说，小时候收音机对他来说是件宝物。有一次打雷，影响了收音机讯号，出现了杂音，他就以为收音机生病了，于是跑去拿了当护士的母亲所用的注射器给收音机打针。他把根据这些童年回忆所写成的故事，放进从垃圾场捡回来的收音机里。

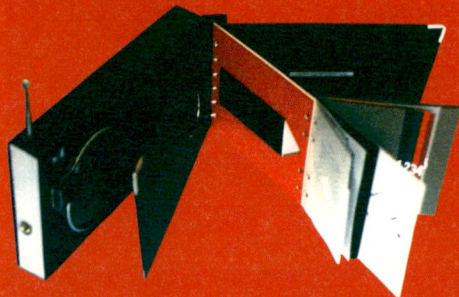

⑫

杉 通过物质感知生命，真是纯真无邪的创意啊。

吕 我请学生把想好的故事雏形在同班同学面前发表，然后待整本书完成后再发表一次。我把他们完成的作品编辑制作成一本合集并发行，叫《书中梦游》(Dreaming in Books)。

安 我曾经旁听过吕先生的课，感到非常惊讶。吕先生自己做书大多表现传统的中国符号，但在教学上却具有强烈的实验精神。这种灵活性实在难能可贵。

杉 吕先生在潜心探究恢复传统文化的基础上，注入年轻人的活力，开辟一片着眼于未来的独创的天地。我能感到你为自己的文化培枝育叶的良苦用心。这是通向未来的梦啊。

唤醒"生命记忆"

杉 而安先生尝试带领学生实施的"相遇计划"是融传统于现代，通过学生开动脑筋让拼搏在现代的人开口讲话，以白底黑字的单色印刷，非常巧妙地揭示了一个芸芸众生调和阴阳之功以营生计的现代社会。

还有安先生所致力的，在文字加载声音的尝试，学生们显然感到它的乐趣，一心要把它用在自己的文字编排设计中。我觉得，这本书中满载的文字表达上最关键的一点是，恢复肉体、恢复音声的

02—对各种素材加以复合，大胆挑战文字编排设计和装帧形式的学生作品，引自《书中梦游》。

感觉，学生们展示的是对此非常纯朴的回答。

我在神户艺术工科大学也有十几年的教学经验，我注重两点：一是通过自己的五感重新捕捉"何谓自己"，因为现在的日本学生要"寻找自己"太难了。他们说世界上最弄不明白的是"自己"。那些不知道怎么行动、如何思考的学生们最需要的，首先就是找回自己身体的感觉和存在的实感。因此要磨炼人类感觉器官的功能，即身体感觉之本，为此，我设了"开启五感"这门课→⑬。

我要向学生传达的另外一点就是"生命记忆"这个概念。这是日本的解剖学家三木成夫先生提出的，指沉睡在人体深处作为生物的记忆。三木先生说，在地球诞生三十八亿年来的生命长河中，"各种生命体的生态记忆应该沉睡在身体的深处"，即那一切都在现代人的体态、声音以及无意识的行为……打下深深的烙印。

我在讲了唤醒"生命记忆"——铭刻在生命体中的记忆层——之后，也会向学生布置三天内完成的课题。

⑬—把「失恋的心理活动」地图化。神户艺术工科大学的学生作品。为爱而膨胀的心，遭到对方拒绝的打击喷涌而出，混乱、愤怒由黄色变成红色，进而发展到打着旋涡的忌妒、悲伤、泪流成河……总体的色调由蓝到绿，趋于冷色，不久走向净化。制作：前田绘里。2000年。

"和而不同"，超越东亚的圆环

杉 最后让我们共同探讨一下，今天生活在东亚地区的我们，通过书籍和设计要传达什么样的信息？

安 说到东亚文化时，我想起《论语》里的一句话，"和而不同"。韩国哲学家伸容福说，"和"即认同多样性，尊重彼此差异的共存原理；而"同"则是不认同差异和多样性的吸收兼并的逻辑。我同意这个见解。"和"即亲和，是生命原理；迅速归于一统的现代文明则以"同"的文化为取向，我认为有必要扭转这种倾向。

韩、中、日的文化乍一看很相似，实际上各不相同。正因为相同点多，不同点才更多。我认为应该让各自文化优柔舒展、和谐共存，发展互助相持的"相生"文化，而不是在不同文化并存时否定对方或互相伤害。这才是"oullim"（大和谐）的精神。因此，我为2000年"国际平面设计团体协议会"（ICOGRADA）在首尔举办的千禧大会提出了"oullim"的主题。

杉 安先生具有一把抓住宇宙原理的功力。现在又为东亚找到非常恰当的词。好一个"和而不同"、"oullim"。我们就是处于彼此互有差异，又有大量重叠的文化圈里。

然而到了现代这个时代，特别是近五十年，在我们所处的文化圈之上被覆盖了一张薄纸。这张薄纸即西方文化，尤其是美国文化。

薄薄的一张纸盖在了"和而不同"之上。很多现代人特别是年轻人相信，现代就是这张纸……然而揭开这张纸，它的下面就是"和而不同"的文化。我认为不同的文化需要"和"，并需要在"和"的文化中找到差异，互相尊重。

例如，在汉字的文字创作方法上就体现了"和而不同"的特征。一个汉字在很多场合下是偏旁部首组合的复合体，并在此基础上加上字头字脚。在表达现代复杂的概念时，要拼接两个以上的文字。即一个文字、一个概念，正是由不同东西的"和"而产生的。

这种构成原理在韩文字上也是一样的。韩语的"初音"、"中音"、"终音"三音，如果辅音、元音的不同记号没有机会相遇就不成字。说到底，就是各种不同的因素相遇、拼接，即"不同的东西同处共存"的状态……就是"斑斓"的文字。

吕杉 "斑"……出人意外的文字……

"斑"是极具象征性的文字。"斑"字由"王"、"文"、"王"三字排列而成。如果每个要素没有实在的意思，就无法构成一个字。"和而不同"，然而又不是四分五裂，既各尽其能又圆融无碍，形成合力，才是最好的状态。这不仅仅是东亚的问题，也是全世界的问题。人体内的五脏六腑各就其位，互相协调各司其职，这样才形成一个生命体。世界，绝不能由一国霸权主义来主宰，必须"和而不同"，"斑斓"纷呈。

珏 …………… 两块玉
斑 …………… 色彩交织
文 …………… 纹样、文身

敬
敬　敬
人　敬　人
敬　人　人　敬
敬　人　人　人　人　敬
人　敬　人　人　人　人　敬　人

　　"斑"一字，对东亚具有重要意义。安先生、吕先生和我，大家虽然在一起，但又是各个不同的人，而三人齐聚一处时，又令人如此心旷神怡。

吕　两位各自提出了一些字句，那我也来凑凑兴儿。"人敬人"，意思是人对人的尊敬。古代中国的文化传到了日本和韩国，但是近一个世纪以来，中国跟自己的传统文化疏远了，现在反而被外来文化所影响。因此，从我们几个国家之间的文化交流而言，已经没有什么老师和学生的差别了。中国、韩国和日本，互相结合在一起，最重要的一课，是学会人与人互相尊重，这不止在东亚地区，而是指整个世界。

　　我们三个人，来自于三个具有独特文化的地区，但是仍可以走在一起想象、策划和工作，这么一来，我们就可以创造出更强壮、更优秀的东西。

杉　"和而不同"、"斑斓"，以及"人敬人"，继承先人智慧，用今天我们的视角重新审视，面向未来全力以赴。融合东亚，构建超越东亚的圆环……这就是今天的结论吧。

——2003 年 8 月 26 日　于北京

0
7
7

宇宙中盛满文字

安尚秀×杉浦康平

安尚秀先生是代表韩国的设计师。

他不仅对韩国传统文化有深厚的涵养，而且对东亚文化表现出非凡的理解力。为人温厚随和，又机敏干练，很有魄力。

2000年在韩国举办平面设计师国际会议（国际平面设计团体协议会）时，他作为组织者高举"和谐"的旗帜，将会议引向成功。2001年组织召开首届首尔"Typo Janchi"文字设计艺术双年展，开拓了面向国际化IT时代的世界文字文化的新天地。这种超越能力不仅表现了他的卓越实力，而且预示着韩国年轻设计师们不可估量的前程。——杉浦

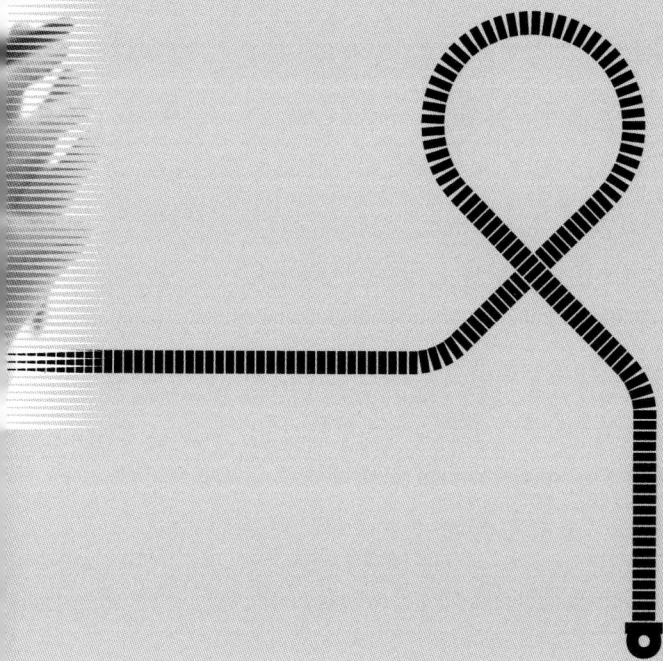

「从α到ㅎ」。α（alpha，阿尔法）是最古老的表音文字，即字母表的第一个字母。ㅎ是最新的表音文字，即韩文最后一个字母。此图表现的是人类与文字关系的总体概貌。设计＝安尚秀。2002年。

从文字编排设计的角度重新审视东亚

杉 我第一次访问首尔是在1982年。那年日本决定邀请韩国的国乐(传统音乐演艺)的艺人们,我是为了设计海报和节目单,与策划人一起到首尔采访的。那以后多次访问韩国,但第一次见到安先生不知为什么却是在东京。我们每次在东京或首尔一见面,就开始狂热地笔谈,不是通过翻译逐句翻译,而是互相凭借直觉,排列汉语。我总能得益于安先生的汉语造诣。

这次我们若沿用此法,大概有二十分钟就够用了。(笑)不过别人就无法理解我们谈话的内容了……

前不久我在北京见到吕敬人先生时,就中国和日本的设计进行了交流,还提到两人合著一本书的事。我当时就想,最好和安先生也能以同样的方式做书。如果吕先生和安先生再合著一本书,加上这两本的话,就可以形成东亚的三角之势。(笑)我想大家互为信息传播者扩大影响范围,就可以打造出新的设计平台。

安 就叫"东亚三角项目"吧。(笑)记得早年杉浦先生曾说,以往的设计史是以西方为核心做文章的，我们必须用亚洲观点改写设计史。我完全同意。2001年10月，在首尔举办"Typo Janchi"文字设计艺术双年展→②③，也是一次以视觉设计和文字编排设计为核心，重新审视东亚文化的尝试。为了开展这项活动，成立了国际组委会，特别展上邀请了杉浦先生、内维尔·布罗迪(Neville Brody，英国)、索尔·巴斯(Saul Bass，美国)、罗贝尔·马森(Robert Massin，法国)和已故金真平(Kim Jin-Pyung，韩国)。另外在普通展上还展出了世界一百多位设计师的作品。不仅在韩国，在世界各国都得到很高的评价。马森以及展览会刚结束就去世的组委会成员柯林·班克斯(Colin Banks)都说："这是自己一生中最富梦幻色彩的展览会。"(笑)

　　杉浦先生近年来一直没有出席过国际会议。但是在2000年首尔召开的由国际平面设计团体协议会主办的千禧大会"和谐2000"上→①，您破例进行了一场与大会主题"和谐"

cograda millennium congress
oullim 2000 seoul　　①

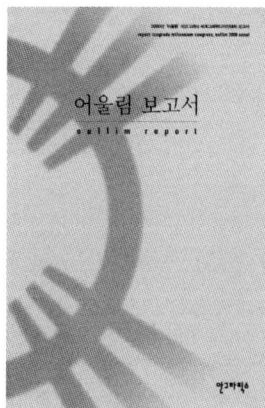

①—2000年，国际平面设计团体协议会在首尔举办千禧大会「和谐2000」的标志和图录。表示「大和谐」的圆相中，重合着代表天、地、人、宇宙变化的易卦图形。设计＝安尚秀。

异曲同工感人肺腑的讲演——"手中的宇宙"。您还在首尔
"Typo Janchi"文字设计艺术双年展上展出了让人对东亚设计
刮目相看的精美作品。借此机会，我要
再一次向您致谢。

②

杉 受安先生之邀我自然要来,为了尊敬的安先生
友情出演嘛。不过我参加以后感到, 韩国举办了一
个意义深远的会议。最重要的是突出了东亚文字的
问题, 它成为一个核心话题。一个覆盖韩国、中国大
陆、台湾地区、日本的东亚文化圈, 曾经被共同的汉
字联系在一起, 而今文字文化的取向各有不同, 出现了假名
文字、韩文字和简体字等简化了的文字体系→④。

字体简洁的字母开创了互联网时代。在欧亚大陆东端的
中国发明的
汉字,由于其
基于象形性
的多重结构
原理,是一套
难于融入电
脑矩阵中的
烦琐记号体

③

②—2001年召开的「Typo Janchi」
的标志。这是首尔「Typo
Janchi」文字设计艺术双年展的
首字「ㅅㅌㅁ」的组合:寄托着企
盼「Typo Janchi」像大树一样成
长的愿望。设计＝安尚秀。
③—在首尔郊外的「艺术殿堂」
举办「Typo Janchi」文字设计艺术
双年展。来自24个国家的百余名设
计师参加,介绍了多种形式的平
面设计作品。杉浦应邀在展会做
了题为「文字的宇宙」的讲演。

系，然而中国大陆、台湾地区、日本的人们至今仍在使用它。面对电脑时代的今天，使用了3000年以上的汉字，或以韩文字为代表的东亚文字体系，到底将面临什么样的命运？这个问题通过这次会议，终于浮现在世界性视野中。

安 字母，说到底是西方现代的象征。相对而言，汉字以及韩文字等东亚文字、阿拉伯文、印度文等非西欧的所有文字，都在现代的巨澜阻隔下被推向边缘。这里所说的"现代的"与"经济的"有相同性。因为上不上互联网也是经济性问题。从这个意义上讲，汉字和韩文字都是不太经济的文字。

但是"现代的"、"经济的"与文字文化的价值，不可同日而语。今后对字母以外的文字编排设计以及设计需要

④杉浦康平《造型的诞生》的日文版、中文简体字版、韩文版、中文繁体字版的文字编排。由此可见各文字体系的特性。

5 からだの動きが線を生む

【文字はなぜ線で記されるのか】

●書家の井上有一さんも、大きな文字を自分の画室で書き上げる。白い紙の上に、黒々とした文字が、くっきりとかたちをなして現われる。その過程が、スローモーションで撮影されています④。これは、とても印象的な映像です。まるで気迫そのものといったかたちの映像に、力がこもる書き方です。

5 身体跃动产生线

【文字为什么以线来表示】

●书法家井上有一在自己的画室里写出大字书，黑黑的颜迹以鲜明的造型跃然于大张白纸上。这个过程被用慢镜头拍摄下来④。影像给人以极深刻的印象。它犹如气势得形而成为书法，浑厚有力。

5 몸의 움직임이 선線을 낳는다

[문자는 왜 선으로 쓰여질까]

●서예가인 이노우에 유이치井上有一가*1 자신의 화실에서 커다란 글자를 쓴다. 하얀 종이 위에 새까만 글씨가 또렷이 형태를 이루며 나타난다. 그 과정이 슬로우 모션으로 촬영되었다.④ 이는 매우 인상적인 영상이다. 마치 기백 자체가 형태를 얻어 글씨가 완것처럼 생각될 정도로 힘이 담긴 서도書道이다.

5 身體躍動産生線

【文字爲什麽以線來表示】

●書法家井上有一，在自己的畫室裏寫出大字，黑黑的墨跡以鮮明的造型躍然於大張白紙上，這個過程被用慢鏡頭拍攝下來④。影像給人極深刻的印象。它猶如氣勢得形而成爲書法，渾厚有力。

④

给予真挚的关爱。

杉 这些问题以往只是在韩国、中国、日本之间议论议论议论而已，但是通过这次召开"Typo Janchi"双年展，安先生赢得了全世界的关注，世界的设计师把目光转向非字母的文字体系，使解决这个问题出现了契机。这一点非常令人振奋，也许它是世界文字史上一个划时代的壮举。我很钦佩安先生如此大张旗鼓并娴熟驾驭的魄力与智慧，以及运筹帷幄的组织能力。当然这些少不了韩国年轻设计师们的积极参与，众星捧月……

安 当然那绝非我个人的力量可以企及，而是众人齐心协力的结果。"Typo Janchi"是对世界的视觉文化提出了来自朝鲜半岛的亚洲视角、一个小小的出发点。为了文化的多样性和健康的世界文化着想，也需要这种多文化的、共同体式的思维方式，这次是我们作为东道主尽了向导的义务。"Janchi"本来就是待客的"开放的招待会"之意嘛。(笑)

⑤

表层背后的世界——
窥视"深井"

杉 安先生用韩文设计书籍的时候，最费心的是什么地方？

安 我在设计书籍时考虑的是，书即"文字束"。如何设计书籍，关键是如何把握文字。我运用韩文，就要在韩文中周旋。按照历史长度加以比较，字母如果是百岁，汉字大约就是六十岁，假名有二十几岁，相比之下韩文文字只不过是十一二岁的幼稚文字。正因为幼稚，所以我认为它还有很大的潜力。当我把书放在眼前，每每感到难以抑制的冲动，总想用韩文文字设计尝试新的表现的可能性。

杉 看来你是坚持以文字为设计核心的信念啊，但是你的设计也用了不少照片嘛。

安 杉浦先生太了解我了，我感觉好

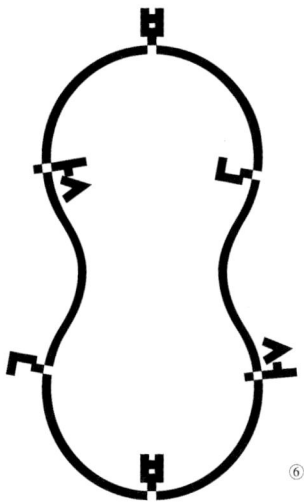

⑥

⑦

⑤⑥⑦——用在安尚秀与今努黎(Gum Nun)编辑的文化实验杂志《报告书／报告书》封面的杂志标志。安尚秀字体的「보고서」〔报告书〕是充满着诱惑的组合。

像是赤着身子在跟您说话。(笑)

杉 因为我喜欢安先生的设计，经常欣赏……

安 我确实也经常用照片，但是骨骼(核心)最终还是文字。

杉 文字既与照片可以共存，又能成为书籍的脊梁。书中承载满满的文字，对于安先生来说是"声音的载体"吧。

安 以前，我陪同杉浦先生去过庆尚南道的海印寺。传说那里藏的"八万大藏经"(高丽大藏经)在制作的时候，每刻一个字刻工都要三鞠躬。据说古埃及的圣书体文字时代，刻工们在刻字之前也要向专司搬运文字，头部为朱鹮头的托特(Thoth)[1] 神祈祷，即祀字吧。实际上每一个字在我心中的分量似乎都变得沉甸甸的。最近我感到文字并非仅仅表音释义，而是表示形式之外的"无形气韵"。我虽然还没有确证，不敢肯定，但是能够感觉到它。尽管文字和书籍是传达信息的，但却有它无法解读的部分，类似秘符之类的……

杉 音乐的记谱法，类似那种感觉吗？

安 与书籍、绘画相比，音乐一定更具灵性。听音乐使人心魂震荡。约翰·凯奇(John Cage)[2] 等人的现代音乐乐谱，就像精妙之至的意象语言一样→㉗。

杉 我在打开书的封面的时候，就像在窥视一口"深井"。我有一种预感，这口井里不仅有生命之源的清水，还装满了

⑧—弘益大学视觉设计科学生的书籍制作项目。上右为项目标志。上面两件选自文化生产者项目《D》。对画家、建筑师、设计师、歌手、舞蹈家等各界文化人士进行访谈并编辑设计。下面两件选自《预测未来信息集成 soon 2002》。思考并预测动物、人类、水、大气、纸张、噪音等等的资源、环境问题的未来。指导—安尚秀。

[1] 托特(Thoth)：月神、书籍的守护神，也是著述和智能之神，被视为书写、算数和文字的发明创造者。头部为朱鹮。——译注

[2] 约翰·凯奇(1912—1992)，美国当代作曲家、前卫派音乐家、作家与摄影师。他的音乐深受东方美学影响，运用非固定原则，充满冥想，具备印度音乐、巴厘岛甘姆兰的精致。——译注

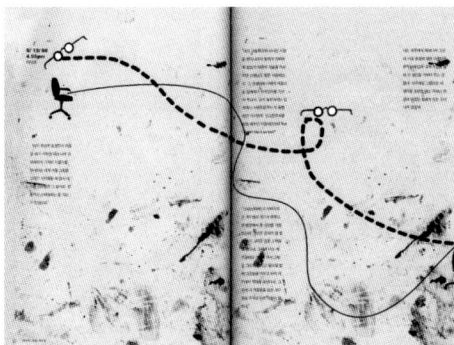

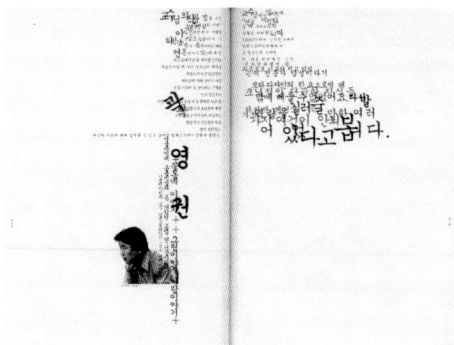

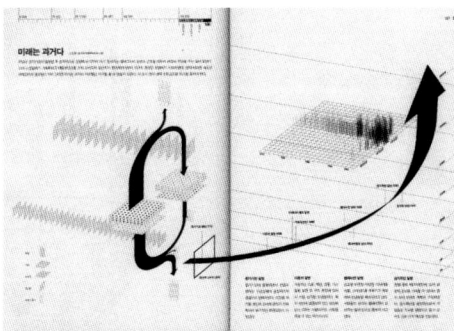

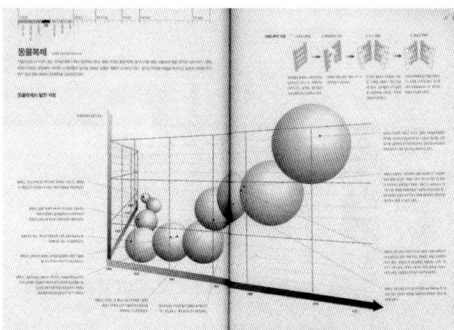

储存着大地记忆的各种东西。书，就像打开未知却充满预感的井盖。深井里面盛满故事和思想、声音和映像、生命和地球历史。书可以说是触及未知世界的载体吧。

诗歌和论文虽然语言表现的手法不同，但是都需要借助文字说明，要意识到它们的表现方法的不同。例如，制作诗集和制作论文集，即使同是韩文排版，也会像秘符一样，在同一符号所属网络的分布上出现偏移。设计上如何去表现它？这正是书籍装帧设计师和文字编排设计师需要考虑的问题。

在安先生的指导下，设

미래 예측 정보서 **soon 2002**

计专业的学生们通过课堂实践，制作出妙趣横生的书。比如，学生们对感兴趣的企业进行采访并编辑的韩国企业指南，以及介绍文化某个侧面的报告等等。学生们开动脑筋，自己动手创造文字、照片和图像，每年出一本书→⑧。

经过设计、印刷、装订，制作出精美的图书。我认为这个项目别开生面，首先它可以体验一本书从构思到最后完成的全过程。这不仅是在做书，而是在体验一个宇宙。其次因为需要几个人的合作，可以学会如何配合得默契，使参加者集体受益。第三可以通过出书的形式，直面外界的评论。第四对其他大学的学生也能产生强烈的冲击。

安先生等开创的这种形式，对韩国的其他大学开始产生波及效应了。这是一件好事。

像对待生灵一样尊重书

安 在赫尔姆特·施密特(Helmut Schmidt)编辑的《文字编排设计的今天》(诚文堂新光社)一书中，杉浦先生说到"宇宙"

和"微尘",给我留下深刻的印象。我能感觉到这些词语中蕴涵着某种本质而高深的秘密。

过去我从未接触过设计师谈宇宙或宇宙空间的文章,那是第一次。读到您那篇文章的瞬间,我感到天旋地转、神驰目眩,那种感动至今难忘。

杉 刚才我虽然对安先生的话用了"深井"一词替代,其实我所说的"宇宙"一词,是对你在书籍设计上的激情,秘符的玄妙,语言和音声蕴涵的深奥,以不同的感受表达而已。

印度有一则寓言我特别喜欢,见于哲学著作《奥义书》(*Upanishhat*)。印度的贤哲想对自己的孩子教导宇宙的真理、宇宙与人(自我)的关系。

两个人面前耸立着一株大榕树,贤哲对孩子说,"到树下拣一颗果实来","父亲,我拣来果实了。"他又说,"孩子,你把那颗果实敲开看看",果实中装着满满的

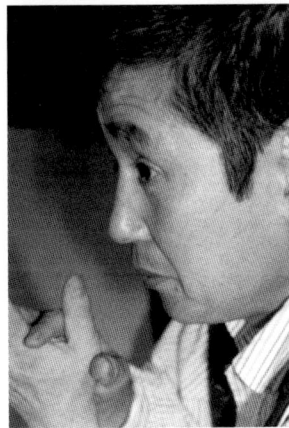

籽。父亲让孩子把其中的一颗籽打开，"孩子，你在那颗籽里面能看到什么？""什么也看不见，父亲。"于是贤哲点拨道："孩子啊，眼前的大树就是从这个什么也看不见的地方长出来的。一棵大树即宇宙，一粒种子就是你。你(自我)就是宇宙。"

比喻非常简洁，又若峰回路转，意蕴无穷。

借用这个寓言可以说书和一粒种子一样，它能承载也能释放世间的万事万物。一张纸亦然，拿在手上自然产生天头地脚。从右向左画线，即呈现从过去向未来的时间流。一张纸既反映时间，又反映空间。白纸一张也是宇宙啊。既然如此，这张纸组合起来的书就是高深的容器或一口井，既能从中不断地汲取智慧，又能装入无限的智慧。它的余香远溢，直接虚空……

我和安先生一样，也觉得宇宙中盛满文字。然而我认为，这些文字、绘画或照片，还有噪声……它们之间是邻接、相依的。文字结合、意思聚积，便生图形，图分明暗色调，即为照片。在"偶然抬头，看见空中飘着两三朵云"的表述后，紧接着的对开页展现云朵的照片。定睛一看，云上有东西，似乎是雷神。它的下一页阐述亚洲的雷神意象……可以像这样来安排文字、图形和照片，使意象连贯→⑨⑩。

一棵大树或一条大河，贯穿于书页之中。我认为书恰似生灵,可以用人体的全部做比喻的完整存在,盛入书这个容器中。我所说的"书既是宇宙,又是生灵",即为此意。

安 "灵动的存在"、"生命体"是至高的表达。我也逐渐体会到,包括书籍在内的森罗万象无不是生命体,一切都在生命宇宙这个网中共生。小时候,父亲不离嘴边的一句话就是"贱册如贱父"(糟践书就等于亵渎父亲),意思就是"要像尊敬父亲那样去尊敬书",这句话我至今仍然牢记心头。一本书是"生命体",是"宇宙",这是杉浦先生长期与书打交道,从中感悟的至理名言。

⑨

⑨—第一届「Typo Janchi」展的海报。正字与反字在画面空间形成圆环,寓意西方和东方的融合。设计=安尚秀。2001年。

杉 归根结底，设计就是化生手中之业，赋予它生机与活力。譬如复印或传真件，一般人读了会随手丢掉。然而，如果这张纸上有打动人心的设计，就不会马上丢掉，而是多放几天或收藏起来。本来该丢掉的纸张，因此与人产生了一段共同生活。

设计，就是"使无生命体得到生命"，让它走进我们的社会。打造拥有一定寿命的生命体……这应该是一个根本性主题……

让多主语的声音串联起来

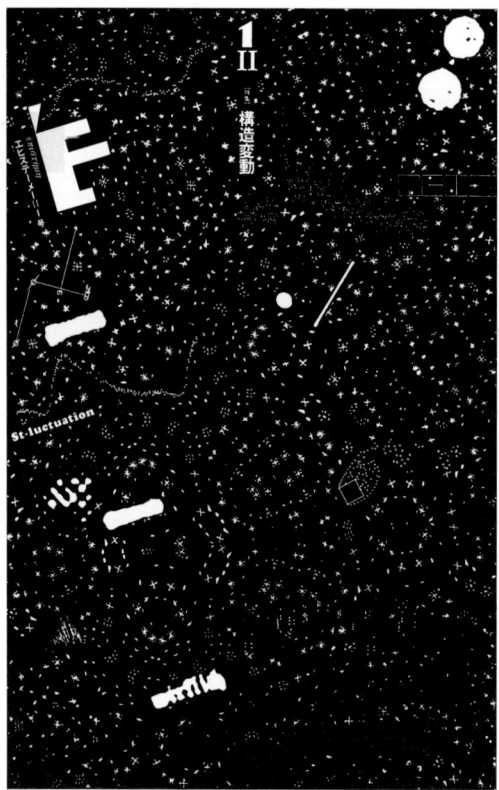

杉 另外，设计不是自己单独就可以完成的工作，既需要写出素材的诗人和学者，也需要摄影师和插图画家。许多材料齐备，再摆到设计师面前，然后用一个创意将它们组织到一

⑩—杂志《真知》(Episuteme)封面的噪声设计：噪声、记号、图像相互激荡，从宇宙空间呼啸而来……设计＝杉浦康平＋谷村彰彦。1985年。

起，这个设计才得形而成书。其后还要有人售书，有人买书。即使纵观整个制作过程，也是先有写作者，再有印制书籍的印刷厂

或装订厂的工人，最后要有读者。因此，一本书至少是重合着三个视点的。

如果能看到不只自己是主人公，除了自己以外还有很多人应该成为主人公，书的设计就会大有改观。设计就是"把许许多多可以成为主人公的人联系在一起"。我感到，必须认清它是许多人"共同的问题"来找答案，而不是看成一个人的问题。

安先生的"安尚秀字体"也一样，虽然它是你个人的创作，但是如果没人使用它就没有生命，还必须有认同它的读者。有人使用，有人觉得它美、有韵味，它才有生命。它进入书中，另一种生命跃然而生。让设计在人们中间获得生命，即大众认同并共享这个设计，大众赋予不同造型以生命的过程。

安 我衷心赞同您的看法。我认为，设计师也要做社会关系网中的一个纽结，所有的人应该圆融无碍，和谐共生。据

说世界上还有五分之一的人口过着每天一美元的生活,超过三分之一的人不识字,一亿人以上得不到基本医疗和教育的机会。最近我常想,我是不是陷进了畅销的设计的怪圈里呢?其结果没有对环境造成祸害吗?没有助长信息和财富的不均衡吗?如今包括书籍设计在内的设计行为,应该同时肩负起对生命的责任意识。

杉 现实问题是,许多设计不是物尽其用,而变成了个人谋生的手段,仅仅为支撑一己生计而用。而真正的设计必须是将众多主语串联、结合在一起的。当今世界上确实有种种个人主义肆意横行,但也不排除让设计变成小小的园地,将唯我独尊的人们重新联结起来的

可能性。

设计是非常重要的工作,它与政治在完全不同的意义上将人们重新联系在一起,建立起人人拥有自己的主语,并能够理解别人的主语的、全新的人与人关系的圆环。

今后我想再创造几次对谈的机会,两个人一起做书。怎样构思,能一起动动脑筋吗?

安 毫无疑问,我会竭尽全力。

杉 有关韩文字的独特性,韩文字与假名、汉字过渡到"下一代文字"的可能性,东方式的色彩论问题,对于象征东方感性素材的纸张的执著,关于文字编排设计和编辑设计的新动向,以及东亚围绕今天的"书籍"与"电脑"走势的可能性,乃至西方与东亚思维方式的比较等等话题,今天没能够充分地展开。探讨这些问题不仅对韩国与日本的联系,对包括亚洲问题,与欧洲之间的差异和相似性以及联系的问题,设计的各种问题,都能勾勒出更清晰的轮廓。我感到现在需要跨越国界探讨这些话题了。

——2002 年 8 月 2 日 于首尔

⑪——「海边的炸弹鱼」的海报。设计=安尚秀。1991 年。

求"异"的文字，将天、地、人融为一体

杉　我与安先生去年也在首尔进行了对谈，然而那次的主题是"设计中的文字"。安先生对韩文字的编排设计从理论上，并通过作品进行了耐人寻味的探求。今天想向你求教诞生在韩国的韩文字的魅力。安先生常说"韩文字是汉字的破腹之子"，这是什么意思？

安　韩文字最根本的大概念即"不同"。韩文字是世宗大王（朝鲜王朝第四代国君）于1446年创造的文字，那时颁布了《训民正音》。用汉文解说的《训民正音》，其"解例本"的第一行写道："国之语音，异乎中国。"开门见山，一语道破"异"的概念→⑫⑬。

　　这里明确了与当时对韩国文化影响巨大的汉语的不同。韩国在此前借用汉字的历史逾千年，其压力之沉重可想而知。它是在这样的背景下表明"异"的，并记述道：作为用韩语表述的新文字，韩文字是从汉字"破腹"而生的……

杉　嗯，这个"异"字包含的决心非同小可。听安先生一番话我更意识到，日本的"假名"文字恰恰是求"同"的文字。

例如，正像安先生的"安"字派生出"あ"一样，是用汉字的草书体形式进行"同形"简化的产物。然而韩文字却是求"异"的文字。

产生两种文字体系的思想差异，显而易见。

安 汉语属单音节体系的"独立语"，相比之下韩语则是多音节文字，与日语同属乌拉尔－阿尔泰语系的"黏着语"（以助词活用和接尾词的变化为特征的语言）。

然而韩语使用的音节多达一千个以上，十分复杂，不可能所有的字都向汉字借用。认识和剖析这个现实的"异"，并进行科学的、系统的整理，进而设计出创造性的新文字。其结果，韩文字应运而生。

与韩语相比，日语的音节少，所以才有可能将汉字简化拿来使用吧。假名文字可以说是汉字的顺产(安产)儿……

韩文字是经过对文字的本质深入思考而创造的，它着眼于隐含在天地自然之根源的阴阳原理，抑或人类的声音和语言之本，重新分析发音并重塑形制。韩语的元音基于天、

⑫

⑫——《训民正音》的解例本正文首页。韩文字是由朝鲜王朝第四代国君世宗于1446年以《训民正音》形式钦定的国字，具有"向百姓教授正确的语言"的含义。解例本是对《训民正音》的创作原理加以解说的通俗本。

地、人的"三才"，辅音基于"阴阳五行"创造得来→⑭⑮⑯。

着眼于语言的根本原理，创造韩语字形，这一点与走简化路线的日本假名文字在思维方式上有着相当悬殊的差异。然而当具体思考"异"，即产生差异这一点时，这是可以理解的。在创作了记号，准备设计时，如今我们为了追求效率，往往摒弃多余的东西，使造型尽量归于简单。不过仅仅做这种功能性的处理，人是很难得到满足的。阅读也好，讲话也好，文字和语言不是都包含许多"冗余性"（redundancy）吗？

文字和语言上坠着许多不必要的东西，人们把它纳入交流传播渠道，尽享其乐。例如，信函的文字即使被伤心的眼泪浸得模糊不清，仍然可读。这种多余的部分或冗余，时而能通美。当然太多会造成过剩，而适度的冗余却能丰富沟通的内涵。

訓民正音
國之語音異乎中國與文字不相流通故愚民有所欲言而終不得伸其情者多矣予為此憫然新制二十八字欲使人人易習便於日用耳
ㄱ。牙音如君字初發聲

並書如虯字初發聲
ㆁ。牙音如業字初發聲
ㅋ。牙音如快字初發聲
ㄷ。舌音如斗字初發聲
並書如覃字初發聲
ㅌ。舌音如吞字初發聲
ㄴ。舌音如那字初發聲

ㅂ。脣音如彆字初發聲
並書如步字初發聲
ㅍ。脣音如漂字初發聲
ㅁ。脣音如彌字初發聲
ㅈ。齒音如即字初發聲
並書如慈字初發聲
ㅊ。齒音如侵字初發聲

⑬

⑬—《训民正音》的第一、二、三页。模拟发音器官的韩语辅音的基本形，依牙、舌、唇、齿音序排列。

⑭—基于天、地、人的理念制作的"元音图"。"阴"表示抑郁氛围的音。"阳"表示明快氛围的音。看似表情文字（表情文字，见图⑱⑲）。图解＝安尚秀。

⑮—"元音三才图"。韩语的元音表示形成字宙的三要素，天、地、人。

⑯—《谚文志》的"初声二十五音之图"。1824年。柳僖著，开韩语研究之先河。对初音（辅音）进行了分类表示。

韩文字不易置于四角框中

杉 安先生设计的"安体"(安尚秀体),是确定辅音和元音的基本形制做上下排列的→⑰。即有意使一字的总体字形冲出四角框,创造了别具特色的字形。

你的主张是韩文字不能置于四角框中吧。

安 我认为设计韩文字时,其形态要遵循《训民正音》的造字原理,即韩语的初音(辅音)、中音(元音)、终音

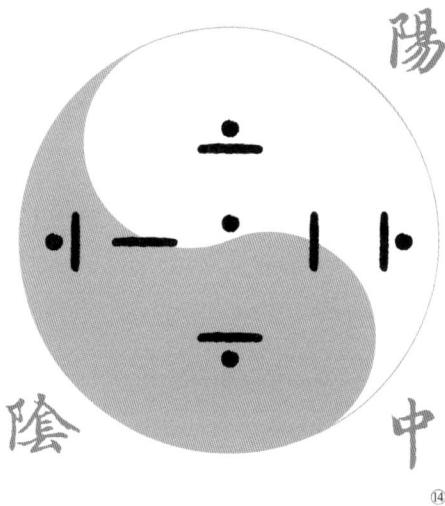

⑭

⑮

次全濁	次全清	不濁	全濁	次清	全清	五音	音階	五行	〔諺文志初聲二十五音之圖〕 朝鮮 純祖代 柳僖 서음
		魚 ㆁ	群 ㄲ	溪 ㅋ	見 ㄱ	牙	角	木	
		泥 ㄴ	定 ㄸ	透 ㅌ	端 ㄷ	舌	徵	火	
		明 ㅁ	並 ㅃ	滂 ㅍ	幫 ㅂ	唇	羽	水	
邪 ㅆ	心 ㅅ		從 ㅉ	清 ㅊ	精 ㅈ	齒	商	金	
匣 ㆅ	曉 ㅎ	喻 ㅇ			影 ㆆ	喉	宮	土	
		來 ㄹ					變徵		
		日 ㅿ					宮變		

⑯

（收音：音节末尾的辅音）维持固有形制与位置。因为韩语有"相位素"的特征，即各个字素要在固有的位置上起作用。根据这样的概念设计起来，自然而然地产生了脱四角框的字体。

不过，这种脱四角形与现在用的韩文字是截然不同的形态。虽然在韩文字始创时这样的概念很明确，然而因为受到汉字式美学的影响，它被完全固定到四角框中了。

杉 字母本来也是可以设计成本体部分的"X高度"（西文字母小写的高度），但是却加进了上伸部分（ascender）和下延部分（descender），使多余的线向上下延伸，文字不断地在上下跳舞。以汉字或假名做比，大约相当于文字的明暗之类浓度的差异

바ㄴ다ㄹ

ㅂㄹ-ㄴ 하ㄴ-ㅣ ㅇ-ㄴ하ㅅㆍ 아야ㄴ ㅉㄱㅐ에ㅣ
개ㅅㆍ나ㅁㆍ 하ㄴ 나ㅁㆍ ㄹㄲ 하ㄴ마리
ㄷㆍㄹ대ㄷ 아니 다ㄹㄱㆍ 사ㆍ대ㄷ 어ㅆㅇㅣ
가기ㄷ 자ㄴㄷ 가ㄴ다 서ㅉㅈㄱ 나라ㅣㆍ
ㅇ-ㄴ하ㅅㆍㄹ 거ㄴ너서 ㄱㆍㄹ-ㅁ나라ㅣㄹ
ㄱㆍㄹ-ㅁ나라 지나서ㄴ 어디ㅁㆍ 가나
머ㄹ리서 바ㄴ짜ㄱ바ㄴ짜ㄱ 비치이ㄴ-ㄴ 거ㄴ
새ㅐㅂㅓㄹ이 ㄷ-ㅇ대ㄴㆍ다 기ㅁㆍ-ㄹ 차ㆍ아라
⑰

⑰——安尚秀设计的「安体」。其特点是辅音、元音、收音的形状、大小、位置始终保持一定。特别是收音（ㄴ延于元音ㅏ上中央的下部，其造型无法收入四角框，略显偏激。

右下为标准的韩文字体结构图。

（笔画的多少）。

我想正是文字的这种恣意放纵和参差错落的排列，才产生了易读感和趣味性。

而"安体"的韩文字也是越出四角框。这一点有些像西洋字母忽上忽下舞蹈的噪声。我感到用"安体"做硬笔书一定有意思，它还充满了呼唤美的诱人的冗余度……

韩文字、汉字、表情文字，复合文字的意趣

杉 我觉得韩文字形的复合性，即叠加辅音、元音、辅音的加法结构，与现在流行的"表情文字"（emoticon）很相似。我是这样看的。表情文字就是把记号罗列或组合在一起，创造新的意思吧？它能将西文字母或假名文字的均质性无法表达的情感波动，以随手拈来的记号组合表现出来，可以说是年轻人对电脑死板的画面造反，是一种忍无可忍的、自发的记号创造行动吧……

表情文字的创意与针对韩文字这种复合性字形的想法并行不悖，也许对今后的文字国际化问题是一个新的启示……进而诱发汉字在互联网上的可能性。

安 表情文字，现在只使用单纯记号和ICON表示简单的

意思，但早晚有一天肯定能表现复杂的概念。可说是，对新象形文字的一种尝试。我受韩国文化观光部的委托，制作过宣传韩国印象的海报，我以"观音脸"为题，用韩文字的元音表现了韩国印象→⑱。

杉 这是原创安氏表情文字啦。(笑)

安 韩语的元音中有欢快感觉的阳性元音和阴郁感觉的阴性元音，以及介于两者之间的中性元音。这张海报是用中性元音的组合来表现韩国人的表情。

我认为与日本人比较，韩国人没表情。(笑)

杉 不，恰恰相反。(笑)日本人才没表情呢……

安 是吗?(笑)互联网上用的表情文字，哭的表情用阴性元音的组合表示，笑的表情用阳性元音表示，而用于表情文字的要素(元音)本身已经表示明暗，这种巧合耐人寻味→⑲。

杉 这是建立在阴阳论上发人深省的创意……韩国人借助阴阳字音，可以轻易地共享这种表情义字的意象。

汉字也有类似的情况。汉字是由偏旁部首等几个要素组合的合成文字。我认为汉字这个文字体系是融合了诸多要素"斑斓"→⑳的文字。

汉字的组合法与韩文字的合成法很接近。汉字与韩文的不同之处，即汉字只是部分记音，将着眼点放在表意上，它是由斑斓的表意组合而成。但韩文的全部文字都是音的合成，这是极大的区别。日本自古以来就盛行汉字游戏，创造实际不存在的汉字，在周刊杂志上出题猜谜。有很多例子，比如"峠"这个汉字是日本造的字，即垭口之意。根据这个原理，美国人发明了"婬"这个汉字，意思是"开电梯的小姐"……(笑)将两个或两个以上的要素叠加起来，就可以创造出与现代社会的新概念通用的任意文字。中国最近造的字"熵"，据说表示 entropy,(笑)还注册为学界用语了呢。

安 确实因为汉字是表意文字，所以具有进行准确沟通的效用。因为每个概念都有一个文字，例如，烹饪的方法不同，用字也不同。汉字的冻、汤、煮、炒、煎、焖、烤、炖、熏、拌、蒸、烧、煨、溜、炸等，统统是表示烹饪方法的字，其中"煨"即在锅里放入材料和调味料后放少量水，用文火慢慢煮的方法；而"炖"则是在锅里放入各种材料，加水用文火长时间把材料煮烂的方法。正像新的烹饪方法需要用于它的文字一样，为了新的概念也需要造新字吧。

杉 当然如此。然而一字足以表达新概念，可见汉字的厉害。

⑱——向国外宣传韩国的国家印象的海报——「观音脸」。1986年。以中性元音「ㅡ」和「丨」表现面无表情的韩国人的脸。

⑲——韩文字的表情文字。用阴郁印象的阴性元音「ㅜ」，就变成伤心落泪的模样；用明快印象的元音「ㅗ」「ㅗ」，就变成了眉眼动人的可爱面孔。

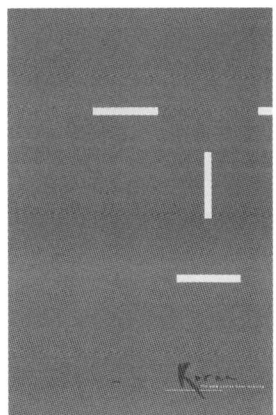

哭脸

笑脸

⑲ ⑱

解

现代社会有许多概念持续进化、增生。西文字母圈的复合语也在猛增。中国为了将这些概念汉字化，绞尽脑汁，用二字表现Computer的"电脑"，即其中的佳作。再来看伊藤胜一的尝试，他在作品集《汉字的感字》（朗文堂，1986年）中做了这样的试验，在"禁"字上，用表示不行的"××"标记→㉑，即在汉字上加上其他记号，直截了当地传达意思，使孩子也能懂。

对文字复合、叠加，在这个意义上汉字与韩文是相似的。经过这样来重新审视，也许汉字和韩文可以成为更亲密的朋友。

达达派与韩文字的实验

杉　安先生的博士论文写的是在日本殖民统治下朝鲜一位从事前卫诗歌创作的韩国诗人吧。

安　写的是诗人李箱（1910—1937）。他在大学里学习建筑，

卷 割 祭

也学绘画，最后是在东京被捕入狱，获释后因病去世。李箱
堪称韩国现代文字编排设计的先驱，他曾经在印刷厂工作过
一个时期，所以对活字非常敏感。

他曾在一篇文章中写道："没过多久，我就得了颠倒病。
每天拖着病体到印刷厂拣字车间去做工。"活字与印刷出来
的字方向不是相反吗？他把倒向的活字与自己的身心叠印起
来，用得了"颠倒病"把自己表现为"活字人"。

还有一篇文章，他写道："我把我的文字封存起来"，"大
地中有春天的植字"。

杉 战前的日本有许多穷困潦倒的作家和前卫诗人也都做
过印刷厂的排字工。那里成了知识分子和有反政府倾向的人
们聚首的好地方。

安 李箱是以晦涩难懂的语言表达而闻名的。1934年他在
《朝鲜中央日报》上发表的诗《乌瞰图》最为著名→㉒，这里
的数字都做镜像，是反着的。乌鸦在韩国是不吉利的象征，

107

㉑——选自伊藤胜一《汉字的感
字》，是为重振汉字表意性，谋求
"感觉的汉字"的尝试。他创作
了许多作品，颇受欢迎。

他故意把"鸟瞰图"去掉一画,以"鸟瞰图"为题。这也是"颠倒"的表现哪。

杉 排字工需要从排列的活字盘中,不断地扭动着身体,东一个、西一个地拣每一个字。他们是在用身体动作来记忆文字。通过用指尖触摸颠倒的铅字和移步拣字的工作,镜像和乌鸦的印象便与油墨气味和黑乎乎的颜色一起,很自然地涌上了心头吧。

安 在西方,达达派和未来派也进行一种文字实验。达达派是将活字与自己分离开,让活字的物性对象化,以便去把玩,即做一种游戏。

而李箱似乎是把活字与自己等同了。所以他有非常强烈的文字编排设计表现。因为当时强制使用汉字,他几乎没能给我们留下韩文诗,十分遗憾……

杉 安先生不是和你的朋友雕刻家今努黎一起做过一本书吗? →㉓㉔书中对韩文字或像图案一样排列,或分解成文字要素,进行了种种尝试。那是一种读物还是图绘?

安 是图绘,但同时也可以感觉到音。韩文字经过组合可以产生新的音,是一种开放结构的文字。它是表音文字,又是时间性文字。表音文字靠的是听觉,所以沟通必然具备时间性。

㉒—李箱的《乌瞰图》。1934年发表在《朝鲜中央日报》上,是诗化的编排设计作品。他把朝鲜处于殖民统治下的倦怠和不安,以独特的视觉语言表现了出来。引自安尚秀《从文字编排设计的视角看李箱的诗的研究》。1995年。

西文字母也是时间性文字的代表。

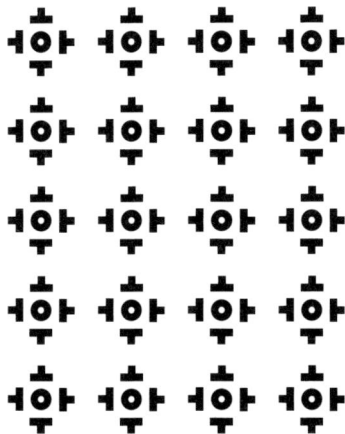

㉓

杉 哦，韩文可以改变组合，产生新的音……这是我们往往意识不到的韩文特性。

安 相对而言，汉字则是空间性文字。然而，韩文作为表音文字也在积极地展开向空间性拓展其潜能的各种实验。

杉 安先生热心倡导的这种实验，对其他人也产生了影响吧。韩国的年轻设计师们受到启发，创作出一批新颖的作品啊→㉕㉖。

安 例如闵炳杰的作品"文字进化"，它表现了韩文丰富的蕴蓄。红色部分的韩文表示现在通用的文字，灰色部分是过去用过而现在不用的文字，还有可能出现的文字。日语

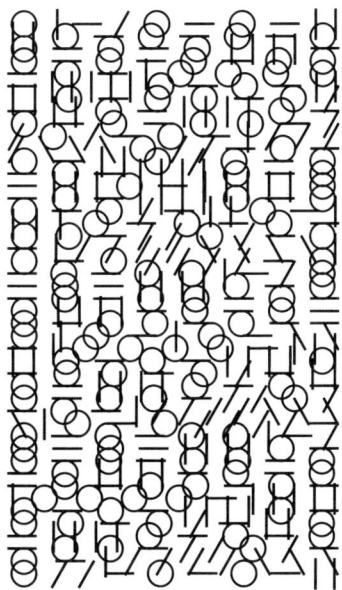

㉔

㉓㉔——《「ng」「g」》。安尚秀与雕刻家今努努黎合作。1992年。

中有的发音韩语没有，例如"づ"（ZU）、"ず"（ZU）等，而在这里却可以表现出来。

实际上在上个世纪40年代，为了表现韩语中没有的发音，比如字母"F"，曾经造过新字用在教科书上。

杉 进一步探索韩文新的表现的可能性，这是有益的尝试。

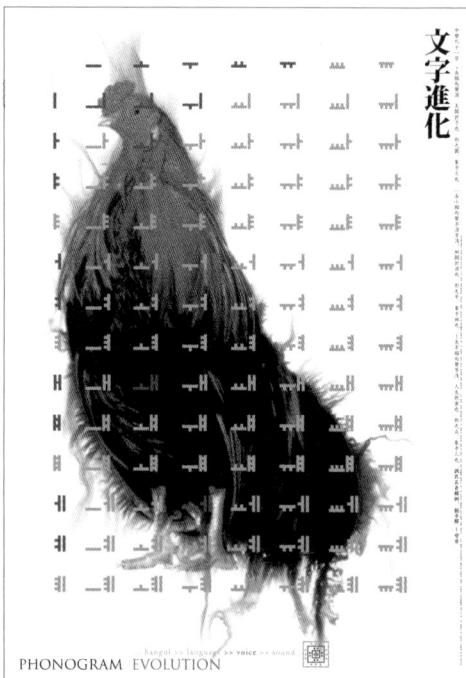

文字進化

PHONOGRAM EVOLUTION

㉕

㉖

文字是五感复合作用的多媒体

杉 我认为围绕文字的另一个问题点，是"读者失去了声音"。今天的文字只能用眼睛读，不能转换成读者的声音。过去的文字很多是读出声的，而如今的文字只是供眼睛默读，在纸上缄默不语。眼和口、眼和耳、眼和身体反应的结合荡然无存……

所以，今天的日本才兴起了一种"美文大家读"运动。

安 韩国的前卫画家、行为艺术家中也越来越多地出现了运用朗读或行为加声音的表现形式。例如前卫音乐家吕启淑就尝试音的视觉化表现，做出各种努力去超越语言的极限。

我小的时候是用"耳朵"与书相遇的。家父每天晚上为祖母读书，我在旁边听着，用"耳朵"体验到文字和书。那个时代很多人目不识丁，所以有识字的人为不识字的人大声读书的习惯。

父亲是像唱歌一样朗读的，不过后代却变成不出声地默读了。同时文字蕴涵的音乐性也消失了。过去，语言就是音乐。文字出现以后，变成只用视觉阅读的文字，即，阅读剥夺了我们的音——音乐。

㉕——闵炳杰「文字进化」。2001年。
㉖——李世英「韩文字连作之一」，韩文书法填满空间，重叠纠缠在一起。2002年。

然而，我第一次在日本看到"能乐"的表演时，加深了"语言即音乐"的印象。

杉 互联网上的文字也是完全无声的。当然网上交换的文字是否需要配声音另当别论，这是另外一个问题。总之文字必须能承载作者和读者的声息，传达生命力，而不是简单的符号而已。

那么怎样使语音与文字结合，恢复它的生机活力呢？

安 作曲家约翰·凯奇进行了大量音乐性实验。我特别喜欢的是他的乐谱，它们不拘一格，具备强烈的文字编排设计性格→㉗。

杉 他的表现手法新奇，凯奇的乐谱中到处洋溢着他的设计才华。他在继承达达派和未来派作品的同时，又赋予它们音乐性创意和东方思想，从完全不同的相位揭示了音与形之间意外的结合，不仅对后来的音乐家，而且对艺术家也是重要的启示。

我也喜欢现代音乐，经常欣赏。例如卢齐亚诺·贝里奥(Luciano Berio)[1]创作于上个世纪60年代初的电子音乐，拆解了语言和声音，采用令人震撼的手法重新构成。作品是《向乔伊斯致敬》(Omaggio a Joyce)[2]……他的夫人、优秀声乐家凯西·帕布里安(Cathy Berberian)以拟声唱法表演了将漫画拼接

110

㉗——摘自约翰·凯奇的乐谱《为了声的独奏》。1958年。

㉘——西尔瓦蒂(Sylvano Bussotti)的钢琴乐谱《献给戴维·图德(David Tudor)的五个小品》。1959年。

[1]卢齐亚诺·贝里奥(1926—2003)。意大利现代作曲大师。20世纪音乐领军人物。——译注

[2]詹姆斯·乔伊斯(James Joyce, 1882—1941)，爱尔兰作家。他的作品及意识流思想对全世界产生了巨大影响。代表作有《都柏林人》、《尤利西斯》等。——译注

㉗

㉘
Sylvano Bussotti, *Five piano pieces for D. Tudor*

起来的乐谱，那是一场充满魅力的表演→㉙。《*Stripsody*》这首曲子将绘画转换成音，完美地将眼睛与耳朵结合在了一起。

声、音、形的关系，本来是包含在文字造型中的，叫做"联感"（synesthesia）。然而，现在我们的眼睛是眼睛，耳朵是耳朵……各不相干，往往忘记倾听来自文字的音声。安先生很早就意识到这个问题，把它与韩文的结构联系起来。你将视野扩大到达达派的文字编排设计以及未来派的动向,并以各种手法一直在探求着"文字只是纯粹传达意思,并非以视觉表现为核心"的问题。

安 这是我制作的爵士乐音乐会的海报→㉚,是萨克斯演奏家姜泰焕的表演。他演奏的萨克斯的音,在我听起来就是这个样子,重叠、颠倒、反复……我把自己得到的印象原原本本地表现出来……

杉 结果文字就跳起舞来……(笑)

安 我在想,假如文字和声音结合起来,假如表情文字上搭载了声音……若能如此,文字和音声之间一定会产生使读者进行更立体思维的时间和空间吧?这是追忆失去的音声的手法,或许也是表现新音声的方法。

杉 文字与音声相遇产生新的复合文字,用汉字的说法叫做"会意文字"。它不仅仅是文字与文字的会意,还是通过听觉和触觉被会意,进而发展成五感复合的多媒体……即文字的多媒体化。

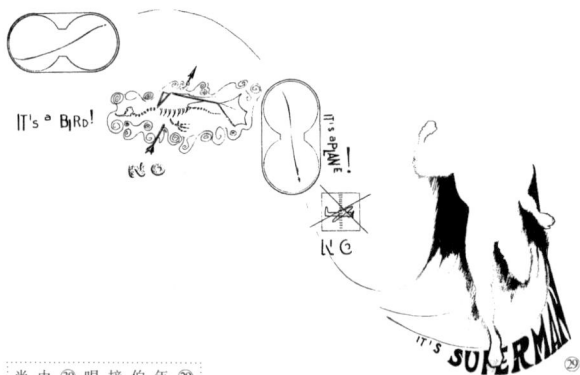

㉙——Striposody 的乐谱(局部)。1966年。意大利声乐家帕布里安将罗伯特·查马兰(Robert Zamarin)拼接的漫画,以细腻的、音乐的语言唱出来。超人出场的部分。

㉚——萨克斯演奏家姜泰焕的"自由音乐演奏会"海报。设计=安尚秀。1995年。

秘符和乌托邦，解读宇宙的秘密

杉 安先生最近好像在与诗人金芝河(1941—)交往？（彩页第 123 页）

安 作为一个读者我一直很尊敬他，在两三年前才第一次见到他本人。于是，我谈了自己在研究韩文。金先生对此表现了极大的兴致，所以告诉他我对作为"易"的韩文感兴趣。

《周易》是中国的《易》，而韩国也有《易》，是金一夫先生于 19 世纪末完成的《正易》。为什么不能另有一个"韩文易"呢……我们提起这个话题。

金芝河先生向我提议"一起学习《周易》吧"，我听了大吃一惊，因为我以前就对《易》感兴趣。我也说不好，就像被程序化了一样，两

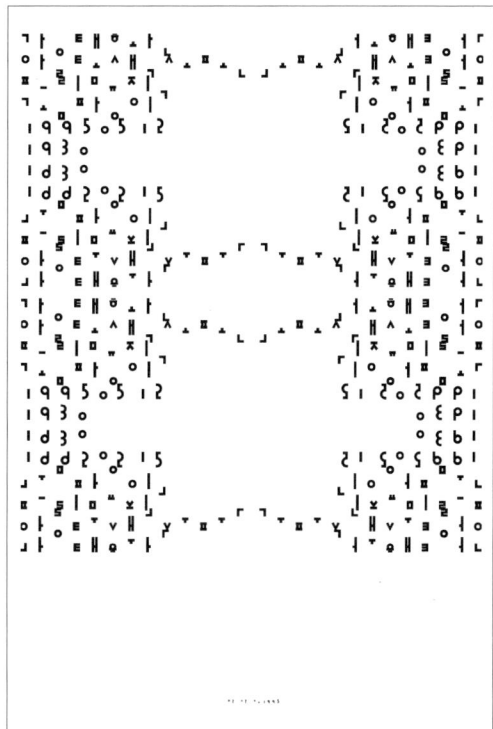

个对同一领域感兴趣的人不期而遇。去年春天开始，我们每周一次跑到金芝河先生熟悉的原州和大家一起学习。从首尔到原州,路上大约需要两个小时,我们驾车兜着风,一路上无话不谈。

杉 安先生的工作室里堆着不少大纸,写着乱七八糟的字,还有一摞纸片,上面的字或气势磅礴,或肩摩毂击,或繁弦急管,或沸沸扬扬。那是你与金先生热烈"笔谈"的结果吗……

安 受金先生之托,去年我设计了《金芝河全集》→㉛。封面上的字是我创作的符号,由金芝河先生亲笔所书。我觉得金先生的存在本身就像"秘符"……当时,我们两人经常说到秘符,所以就做了这样的设计。金先生说,秘符即能表现以文字无法完全表现的、微妙的心理活动的记号。我完全同意。用文字无法完全传达明确的意思。在文字的局限中多数情况下思想可以沟通,而秘符却可以超越这种局限抵达更高的境界……

杉 每卷各八字,共二十四字。这是以韩文为基础的秘符吗?

安 它既非韩文亦非汉字,应该是第三种文字。

金芝河先生和我对秘符的可能性都怀着极大兴趣。金先生预感到今后会出现秘符文字。

他说："秘符可能出现在年轻人平常用的互联网上，即以秘符文字表达个人的私生活或男女之间的微妙情感。这种秘符不是字母或韩文，而是以意思体系为核心展开的，将更趋于新的'易'。"这句话给人留下非常深刻的印象。

我的作品中有一幅"语言是星星。变成意思落下来"→㉜。这幅作品与金先生的话有一脉相承之处。语言的意思还没有形成之前的状态，是处于宇宙的秘密

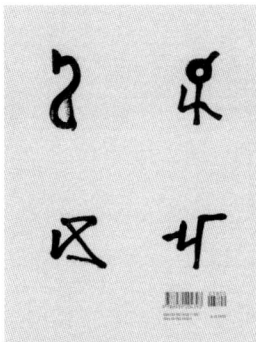

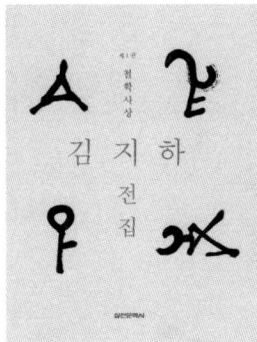

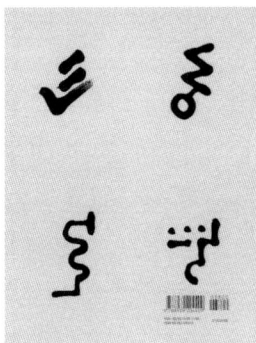

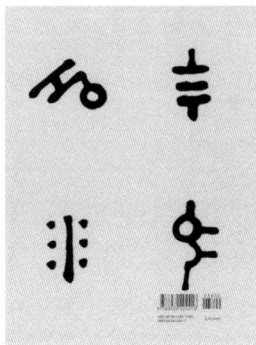

㉛

㉛—秘符与韩文。安尚秀设计秘符，《金芝河重新以毛笔书之》用于《金芝河全集》三卷的各卷封面。2003年。

状态。人通过文字，试图解读宇宙的奥秘。但是一旦意义化，转瞬之间便被封闭到人创造的概念模式中了。

即使文字化、语言化的对象须臾间被纳入、归并到人的概念领域，而语言不能完全捕捉的东西，仍然处于秘密的状态被遗留下来。拿出这个秘密并赋之以形，这大概就是秘符吧。

杉 仍然无法解读的文字和秘符，这是一种乌托邦文字。超越现实，由有着共同理想的人们来分享……莫非是将感性与思想的一致托付给文字或图形吗……

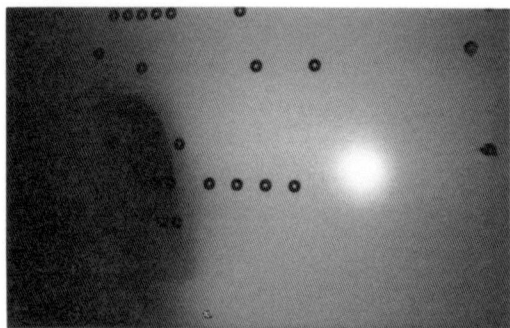

㉜

㉜—安尚秀作「语言是星星，变成意思落下来」。1997年。

"文字的城堡"正在发生变异

安 我只要目不转睛地盯着一个个的汉字看，仿佛就感到它们层层累累，向广阔的时空散开，我能感到文字所含的意思或概念等意蕴。相比之下，字母却是平面的。从绘画中产生的字母，撇下自己的故乡不管了。达达派和未来派的种种实验，似乎是他们在拼命寻根的痕迹。所以他们才大声疾呼从意思中解放出来，才出现了探索新绘画、新印象的实验。

我把书看成在文字上建立的"城堡"。截至20世纪的书籍文化，没能摆脱以字母为中心的"文字城堡"。在文化趋于多元化，异文化之间的接触不断深化的今天，对汉字和韩文这些从字母角度看到的"异文化"，需要给予应有的关注和理解了吧。

杉 字母文化圈的人现在苦苦挣扎。因为用安先生的话来说，即世界上构筑起了"文字的城堡"，城里的字母泛滥成灾。

字母的毛病出在它的均一性上，因为一点一画被彻底单纯化了，每个字的笔画或浓度几乎一样。它既实用又简单，便于记忆书写，但是看起来却枯燥乏味，就像单调的日子，日复一日。

然而每当现代社会产生一个新概念，文字链就要继续加长。文字城堡的石垣越垒越高，继续朝着超高层发展。尽管不乏 UNESCO 或 PTSD 之类首字母缩略词的尝试，然而只靠字母再这样下去就束手无策了。

"读"本身是需要更大的冲击力，需要故事情节的啊，这是人的眼力，即"看"的感性自然的要求。最近欧美的前沿文字编排设计师中间出现了十分活跃的复合化尝试，他们在文字组排中或混用黑体字，或用缩略词表达营造出压缩文字块，或将两个字黏合在一起创造新的表音文字→㉝。

feststätte fɛstʃtɛtə

festsʃtätte

orientieren orịɛn'tiːrən

orientẹren

Aᴜto	Raᴜm
Äᴜsseres	Häᴜser
Cʰina	Milcʰ
Eɪsbär	Reɪse
Eᴜle	Feᴜer
Pʰrase	Alpʰabet
	Lẹbe
	Acᴋer
	Puŋkt
Pferd	Apfel
Qᴜelle	Freqᴜenz
Sʰulter	Fisʰ
	Stad
Sᴛinellen	Zwesᴛge
	Räᴛel
	Hiẓe

㉝

㉝——"为直观德语发音的文字设计"的尝试。为了使烦琐的拼写变得简洁，将 sch、tsch、ung、ei、ie、eu 等拼写进行复合，变成一个字。瑞士巴塞尔的菲力普·斯塔姆（Phillip Stam）的作品。1996 年。

118

于是，文字表现今后就会愈加趋于复合化、多重化，变成"斑斓"的文字组。不仅有字母的横向罗列，还有浓淡相间，富于变化、纵向多重的情况。即便同是平行排列，其中夹杂着某种文字块就容易吸引人的注意力。同样，在均一的文字组中出现斑斑点点的块状，眼睛就会迅速地读取那些信息：从这里开始，这里的内容重要……

"文字的城堡"不仅需要均一等值的文字流动来构筑，还需要参差不齐、易于突出意思的斑驳浓淡。我预感到将朝着这个方向变化。

那时"韩语的复合性"或"汉字的造字法"将再次引起世人关注。秘符的未知性也

将受到瞩目。韩文的合成法以及表情文字、秘符、咒符的文字复合性等，无不在预示着这种可能。

安 是的。我预计韩文字具备的宇宙象征性和三维的调和性，以及它转化音声的表现方法，还有表情文字，追求新象形性的汉字造字法等，都会使它在互联网时代脱颖而出，成为创造新型文字的素材。

表情文字之类是那些长期使用平面的字母、感觉乏味的人们为了弥补缺憾玩的小把戏，然而它却完全具备作为今后象形表现法的可能性。

杉 现在，互联网这个巨大电子网络正变成"城堡"试图吞没世界，而它使用的文本99.99%都是字母。不过待韩文字和汉字、其他亚洲文字以及表情文字和秘符在互联网上占据一席之地的时候，相信会出现一个不同于以往的、非均质的、富于变化的新文字体系。

我预感，日前世界的文字正面临一个崭新的局面……

——2003 年 7 月 1 日 于首尔

㉔—安尚秀「韩文字·曼荼罗」。1998年。「韩文字是宇宙的文字，宇宙的纹样。」(安尚秀语)

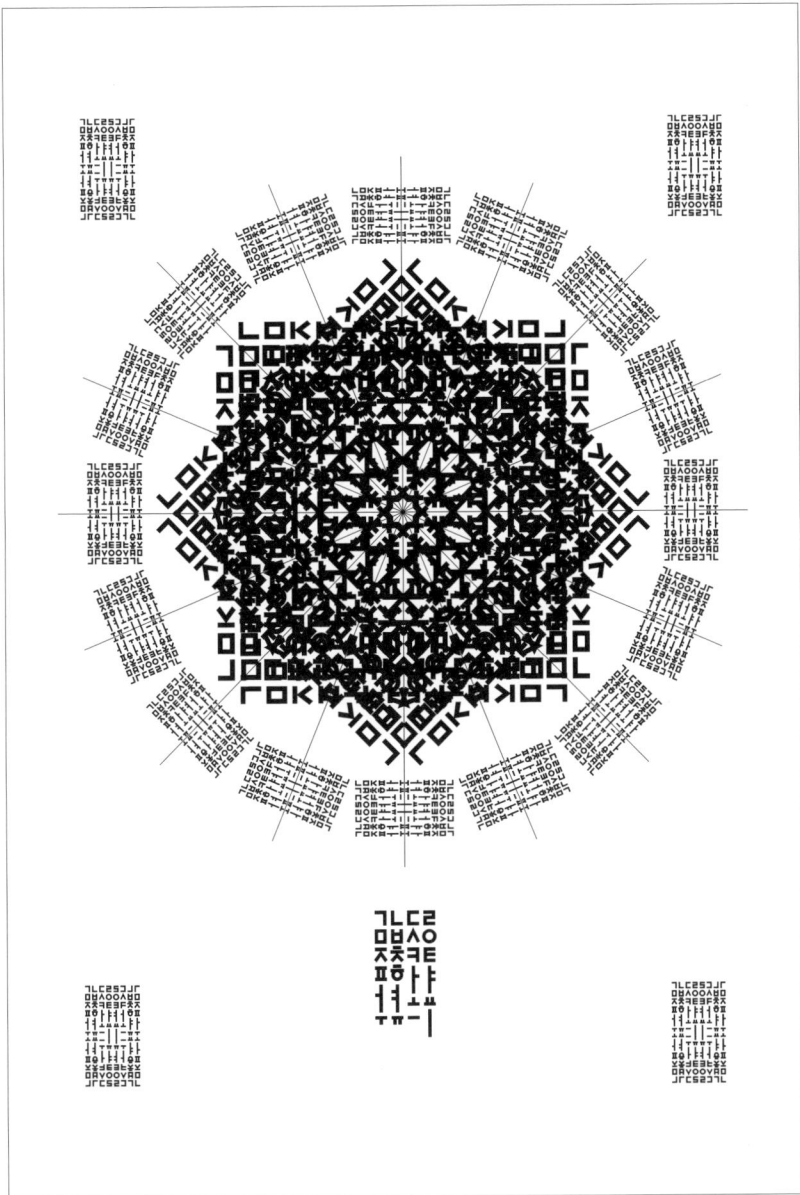

제1회   죽산   예술   페스티벌

first jooksan arts
f   e   s   t   i   v   a   l

1995 06 17 - 06 18

namiko kawamura

isadora duncan, dance

nam   jeong-ho   +   kim   dae-hwan

laughing   stone

maida   withers

安尚秀

Ahn Sang-soo

向宇宙文字·韩文字挑战，统合东西方设计语法……

郑丙圭

Chung Byoung-kyoo

使韩国的传统美与知性的设计理念融会贯通

左—选自书籍装帧设计的近作。上起 Korea University（高丽大学出版部，2005）、《韩国的衣橱》（同人房，2002）、《伤寒论》（杏林书院，2004）、《李无影文学全集》《国学资料院，2000）、《药线刺入疗法》（杏林书院，2003）。设计＝郑丙圭。

右—选自「文字是怎样获得生命的」海报系列。街上充斥的文字。互不相干的文字走到一起，吵吵嚷嚷地要表现一个意思。设计＝郑丙圭。2003年。

在书籍装帧设计中融入文化遗传基因

郑丙圭×杉浦康平

郑丙圭先生是韩国书籍装帧设计、文字编排设计第一人。他将欧洲的现代理性、结构性设计理念，融入韩国传统美特有的端庄温馨美的造型中。做出了一大批有他自身特色的清雅而激情、别具韵味的书籍装帧作品。当过编辑的经历使他与文化人、出版人交往密切，常常把酒言欢。豪放的酒量和清爽的笑颜，还有他那忘我的工作热情，都给人留下深刻的印象。他最近以韩语手书体为主从事的设计，得到年轻人热烈的支持。——杉浦

《平面设计的历史》(*Design House*, 1985)的封面图案。设计＝郑丙圭

第一部——书籍设计产生于人与文化的热烈交感之中

从编辑到书籍设计——设计师的诞生

杉 郑先生已经以自己独特的形式设计过不少书，这些书都那么文雅大方，充满智慧的信息。今天想请你从中给我们介绍一些书，并谈谈你是怎样开始从事书籍装帧设计的，以及你与书的关系、对文字的看法。我还想就书籍这个载体与你交换意见。

郑 说实话，我与杉浦先生从装帧设计的角度谈书籍还是头一次，有些紧张。(笑)何况无论在工作上还是人生上，您都是我的老前辈和尊师，我和您谈这个话题不是在做梦吧？

韩国与日本不同，出版豪华版书籍的机会非常有限，在这种情况下，我很幸运地做了几本给人留下深刻印象的书。今天想着重谈谈摄影集和以韩文字为中心的设计，这是我开始从事设计至今始终感兴趣的两个主题。

杉 你装帧的书有不少是作家的全集或艺术家的作品集吧。

郑 是的。与其他设计师相比应该算多的，主要集中在上世纪80年代和90年代初期。少年时代喜欢文学加上做文艺编辑，使我有幸得到装帧设计诗集系列丛书以及文学全集的机会。我刚开始做的时代，人们对书籍装帧设计的认识几乎等于零，和熟人喝酒闲聊的时候，听两句"你的设计太好了"之类的夸奖，哪怕不给钱也乐颠颠地干。(笑)

杉 原来如此。韩国有一种意识，认为做书是几个要好的朋友之间的事。出版人、作家、摄影家加上设计师，大家往往都是同辈的圈内朋友，或不分彼此的酒友。千丝万缕的人际关系，围绕一本书形成旋涡……60年代以前的日本也有类似的风气。

郑 大概您对七八十年代那种特殊状态仍记忆犹新，有这样的印象也难怪，实际上确实如此。七八十年代的韩国所有领域和阶层，全都卷进了民主化的狂热之中，出书自然处于这种特殊状态的风口浪尖了。

杉 具体的情况怎么样？能稍稍介绍一下那个充满激情的年代吗？

郑 就拿马克思主义类的书来说，英文也好，韩文也好，在80年代初期以前是绝对读不到的。在这种情况下，人们关注的焦点全部集中到"实现民主"上。结果凡是对民主化斗争有用的内容一概来者不拒，而且要以最快的速度制作出版让尽量多的人读到，那个时代谁也不计较书籍的设计如何→①。三十年来我身在其中，亲眼目睹了这个历史潮流

①——为李韩烈举行的追悼集会。他在民主化斗争的高潮中，被催泪弹击中身亡。韩国市政府前广场。1987年7月9日。

①

和出版市场的变迁。从事编辑出版的都是对韩国历史和文化有高度觉悟的人,有不少是我的朋友。

韩国的出版自由顶多是从十五年前才开始的,即使想创办杂志也得不到注册许可。1988年好不容易盼到出版注册放开,那之前休想注册杂志。不了解这些情况和背景,就无法理解韩国的今天。这不仅限于出版领域,其他所有领域都是如此。

比如说在日本不仅大学教授,而且各界评论家也就社会现象、文化各抒己见,畅所欲言,这种局面让人羡慕。韩国的专栏作家主要是大学教授,这种情况与民主化斗争的时期密切相关。在出版和杂志发行十分困难的情况下,写东西的篇幅受到了限制,而且也没有就方方面面的话题写东西的训练,这一点自然直接关系到出版界的问题。

多种文化可以共存的社会力量,必须首先以出版的形式体现出来。然而韩国的出版界却面临撰稿人后备不足的大问题。现在新的一代起来了,倒是涌现出一批撰稿人……

杉 虽然1988年以前出版面临严峻的形势,然而郑先生从事书籍设计是从 70 年代就开始了吧?

郑 我是从1973年跻身出版界,开始书籍装帧设计的。今年(2003 年)正好 30 周年。

杉 我第一次访问韩国是1982年前后。那以后几次到韩国都要逛书店，有不少郑先生设计的书，十分抢眼。1988年，郑先生的设计已经自成体系了吧?

郑 70年代当时，韩国的优秀编辑做装帧设计是很平常的事。特别是文人们都喜欢装帧漂亮的书，我作为编辑也尽量用心去设计→②。然而到了某个时期，兼顾编辑和设计，脚踩两只船感到吃力了，我在苦恼之余还是决定辞去编辑的工作，选择了自己更难于割舍的设计。做出这个决定，杉浦先生的影响起到很大作用，那是1979年的事。

总之，从70年代到80年代韩国出版界出现的两个显著倾向，形成了今天韩国出版业的巨大潮流。一是"单行本时代"的到来。因反政府运动被解聘的记者，纷纷转入出版界，开始出单行本。其中不乏一炮打响，仍活跃在大出版社的人；另一个事实是，战后出生的"韩文世代"80年代初正好三十出头。他们是1945年以后接受韩文教育的一代，所以被称为"韩文世代"。"韩文世代"对文化的关切也反映到设计领域，对于书籍装帧设计的新的关注，即产生于他们的意识之中。

杉 郑先生在哪家出版社做过编辑?

②

②—《浮草》（民音社·1977）。书籍设计＝郑丙圭以下非特别注明的，均为郑丙圭设计。

郑 我1973年进入出版界，做文学杂志《小说文艺》的总编辑。我在大学学法国文学，但因为当时参加了学生运动，所以不得已放弃学业。记得从编辑到制作、封面设计的一大摊子工作都交给我做，我也倾注了青春热血，全力以赴投入到工作中。后来又陆续在新旧文化社、民音社、洪盛社等几家出版社做过编辑和设计师，继续做书。特别是在韩国有代表性的单行本出版社民音社负责设计工作的十五年对我意义重大→②③下⑥。

杉 郑先生1979年就正式独立，开始从事专业的书籍设计了，堪称韩国书籍设计的开拓者。然而你的新事业是否得到编辑们的支持呢？

郑 韩国的出版社规模都很小，往往出版社的出资人即社长，掌握着编辑大权。我很幸运的就是得到了出版社社长的全面支持，自己想干什么可以放开干。特别是在民音社。

"凝固的音乐"，建筑与书籍的共鸣

杉 我在大学是学建筑的，没完没了地画图纸，顺其自然地涉足平面设计，并开始了书籍的设计。因此我是从外部世界参与进来做书的。我的位置使我对书籍载体内部的优势和

③——介绍韩国文化和东方文化的书籍设计。《韩国文化史》《悦话堂，1984》、《韩国民俗学史》《悦话堂，1984》、《新罗歌谣的研究》全套三册《民音社，1989》、《韩国汉诗》《论语新解》《民音社，1989》。

③

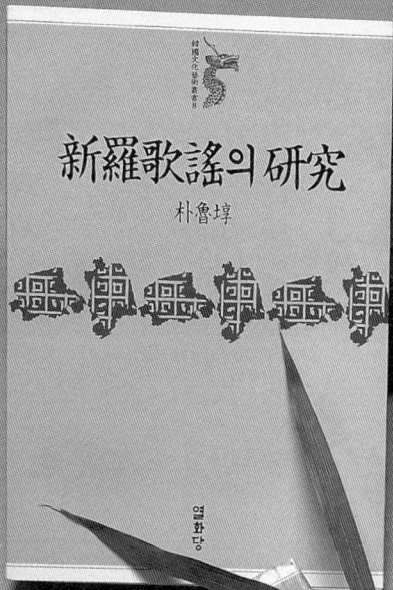

矛盾先从外围接触到，所以能够以过去没有的视角看待书，并尝试打破常规的设计。

郑先生则是从制作书籍的内部世界开始思考书籍设计的，从编辑这个无所不包的工作中辟出了一块书籍设计的阵地，所以你既要得到基于书籍这个载体的构思，又得看透书的局限性。你是怎样克服这个障碍的？

④

郑 有生以来还是第一次有人提出这样的问题。(笑)我在大学学习法国文学之前，曾经在专门教文艺创作的专科人学学习过两年。那是人均GNP98美元(现在超过1万美元)的时代，有志青年都学文学，写文章，试图唤醒韩国的新精神，因为那是最不花钱的创作活动。与文学相比，美术、戏剧、电影、音乐等的创作如果没有产业性社会基础就很难。我上的是文科类大学，发现写文章不适合自己。虽然我也曾想当大学教

④——《方法序说》（银坡里奥[Inpolio] 出版社，1995；《我的思想史》(银坡里奥出版社，1995)。
⑤——《官僚与发展》(平民社，1986)，《新国际经济秩序的探索》(平民社，1986)。
⑥——《社会历史的想象力》(民音社，1987)。
均为运用现代设计手法的书籍装帧设计。"我积极运用了西方的文字编排设计。构成主义的强烈刺激，对于我总是充满魅力。"
（郑丙圭语）

1
3
4

授……我在编辑、制作学报、校刊的过程中，自然而然地进入了出版界。在这个过程中我感到的是创作的乐趣。书籍最贴近生活，而且我又那么爱书，对我来说能做书是天大的乐事。即使现在一想到要做好书，心还怦怦地跳。我喜欢文章的世界、书里的世界，从来也没有感觉到它和做书之间有什么冲突。为设计构思枯竭而痛苦的经验倒是很多……

对我来说，在制作过程中感觉编辑和设计同样有趣，所以只是把它当成一个工作来完成，从来没想过是在硬着头皮做两个工作。反过来想请教杉浦先生，您为什么在大学选择了建筑系？不当建筑师是因为感到与建筑有什么纠葛吗？

杉 我进建筑系就像种子发芽长成树一样的自然。父亲是从事家具制作的，我想有这方面因素的影响，而且我和郑先生一样也特别喜欢动手。我很喜欢做感觉上的事，比如把身边的东西重新设计一下之类。个人兴趣升温，便顺理成章地加入到平面设计的领域……

⑤

⑥

한국사
중세사회의 성립 1
5

찾아보기
한국사
27

한국사
국어 찾아쓰기 2
20

한국사
원시사회에서 고대사회로 1
1

至今我仍认为学建筑的好处之一，是学会了系统地把握世界的方法。诸如今天的电脑，它的监视器里不仅有横、竖、纵深的三维矩阵重叠，还在此基础上引入了时间流。其实学建筑也是掌握这种方法的学问，即如何对世界总体矩阵化，如何适度地把握时间和空间。

完成无数张图纸，平面图、剖面图、详图(细节)、结构图、设备图……将它们重合叠加，彻底说明一个建筑。特别是附加设备的设计，建筑便血脉畅通，开始呼吸了……就是说，由于我学过建筑，所以首先学会了从全局把握世界的系统方法。

郑 您的设计从建筑的视角看，应该更好理解。的确，文科出来的人不大习惯系统的思维方式，我只有羡慕的份了。那么您为什么没当建筑师呢？

杉 我讨厌起建筑，不喜欢建筑师这种人。(笑)再说，我无论如何不愿意进组织里工作……

郑 是否因为这件事与您对音乐的热情发生了碰撞呢？音乐对您来说是生活的组成部分啊。

杉 不过，建筑师倒是常说"建筑是凝固的音乐"，他们还说自己是音乐家。另一方面，雄伟壮丽的音乐又被喻为哥特式建筑。

⑦——将韩国民间绘画运用到函套上的《韩国史》丛书(一路社[Hangilsa]·1994)设计。

⑦

郑 我提出这个问题是因为我感觉杉浦先生的早期作品与音乐有着很深的渊源，连风格也反映了来自音乐的各种范式。记得我们曾探讨过噪声论。我认为"文字世界"在视觉上是从语言世界演变而来的。然而，文字世界并不能完全囊括语言世界，当然也会出现新的造型世界……而唤醒这个遗漏部分的作业——这就是杉浦先生设计的一个特征吧？不能把它称为"音乐性"吗？

杉浦先生的设计有声，可以感觉到听觉上的律动。第一次接触到杉浦先生的作品时有所感觉，然而我很久都没有领悟过来，一直心存疑念。杉浦先生发现的噪声，在视觉设计史上也是独树一帜的。

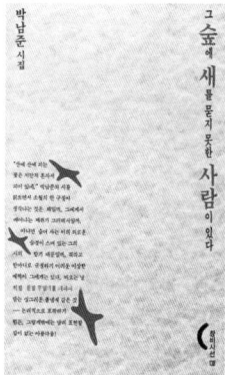

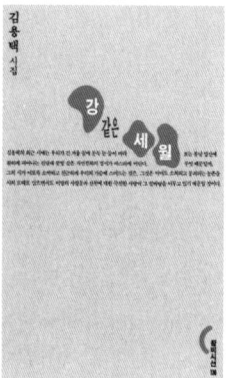

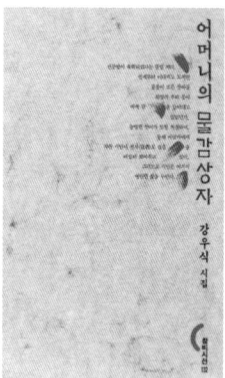

⑧——诗集丛书《创批诗选》〔创作与批评社·1995〕的封面设计。「这是尝试肢解活字的设计。对部分活字和单词赋予变化，使文章脉络在总体上更有层次。」〔郑丙圭语〕

⑧

杉 嗯，是这样的吧。赫尔姆特·施密特把我对文字的认识和编排设计的手法，称为"会说话的文字编排设计"。我觉得这个说法很贴切。

不过，现在是在探讨郑先生的历史性开拓，还是回到这个话题吧。

韩国的读书能量在膨胀

杉 郑先生是从编辑起步的装帧设计师，我在脑子里过了一遍我接触的日本编辑，写作或做编辑的人往往不善于处理视觉素材。他们的思维方式主要是被文字束缚着，很多人都缺乏进行形象思维的想象力，所以要起用画家和设计师。文字和图像像左脑和右脑一样是截然分开的。

但郑先生却不然，你把文学与编排设计、文学与视觉工作有机地结合在一起。你是如何习得这种手法并使它日臻成熟的呢？难道是与生俱来的？

郑 其实我在初中、高中时代就热衷于美术俱乐部的活动。那时由我指导学画的弟弟后来成了画家，现在住在巴黎。但我自己没想过当画家，倒是很想走文学的路子。在美术与文学之间挣扎的结果，当编辑算是妥协的产物。(笑)学文学对设计和社会生活都有益，例如在工作上碰壁时需要新的视点，文学的思维理念在这种时候会把我引领到新的境界。1975年前后，我在以文学出版为主的民音社工作时，切实感到做设计需要学习文学。

杉 你的弟弟是画家。在郑先生喜好的"文学"背景中渗透着视觉的影子……韩国文化人中超越领域，自由驾驭思维理念的人多吗？

郑 在装帧设计作为职业分工以前，韩国有一大批文人在装帧设计上不落俗套。他们的设计洒脱，用现在的眼光看也是值得称道的。几乎所有的大学的平面设计课程，截至90年代初都只教广告设计。在根本不关注内在世界和文化理解的设计领域，由于突然刮起数码化风潮，所以混乱状态持续到90年代中期。这个时期过去以后，对课程设置做了调整，人们的想法也变了，现在出现了一大批走进大学讲堂的有志青年，"立志做书，做编辑，做设计师"。

杉 韩国的出版界变化真快。日

⑨——地铁图书馆（Metro Book Messe 2002）的尝试。车内坐席上方设置了简易书架，乘客可以随意取阅。2002年4月至8月，地铁4号线的十二个车次成了「地铁图书馆」。

本现在对书感兴趣的学生少得可怜,他们感兴趣的无非是游戏、电脑画面、动画。年轻人看书的习惯正在迅速消失。

郑 这方面韩国有它独特的潜流。韩国人有一种不安心理,觉得文化方面的基础设施还不健全,尽管我们的数字化不亚于任何国家,得到迅速普及,但出版文化以及出版市场仍持续增长。一方面,数码世代、影像世代、游戏世代等对模拟的关注则趋于本能的深化……

杉 本能的? 这倒是发人深省的趋势。

我在《书与电脑》季刊的"韩国特集"中看到"首尔地铁图书馆"的介绍,吓了一跳。文章说首尔出台了一种"在车厢内行李架上备有图书,供人们自由阅读的地铁"→⑨,这种奇思妙想在日本是绝对不可想象的。还是韩国这个国家意志坚定,决心让读书的习惯在年轻人心中扎根,为此积极推出这样有魄力的高招啊……

郑 一个国家要发展,基本的需要是文字文化的基础设施。韩国出版界至今仍在及时翻译外国书籍,为备战数码时代而扩充的内容也起到了推波助澜的作用。韩国人倾注在读书和出版上的能量只会越来越大,所以韩国的"书文化"仍保持着增长的势头……

当然,也许出版社的老板不这样认为,他们成天价喊着

⑨

不景气。(笑)尽管如此，事实上近年来韩国大出版社员工的薪水已经与大企业持平了。

设计摄影集，超越心理羁绊

杉 现在该给我们看看你的作品了吧？

郑 为了准备今天的对谈，我回顾了一下自己的设计历程，与其说真正认真思考后再去做这些工作，莫如说我只是在动荡的时代做了自己喜欢的事。不是把一个成形的想法付诸实践，而是始终在与自己的可能性边对话边工作，所以有成功，也有失败；既有出版社满意的，也有不满意的。我萌生边动脑筋边工作的想法是在 80 年代后期，其实在很大程度上是受了杉浦先生的影响。将自己的设计理念注入到书籍制作的工作上，还是刚刚开始。

还要补充一点，我在设计中能够一直关注亚洲特色、非西化的思维理念，即韩国的文化或汉字文化圈形成的文化基础等，也多亏了杉浦先生。

杉 那是郑先生客气。郑先生的设计中渗透着一种独特的个性，我很能理解。……这是摄影集吧。

郑 是的。这是悦话堂1987年出版的《庆州南山》(姜运求摄影，金元龙、姜友邦著)，在当时的韩国是很罕见的非自费出版的摄影集之一→⑩⑪⑫。书中收录了在韩国屈指可数的摄影家姜运求的作品和韩国传统美术界两位长老金元龙、姜友邦的文章。后来金元龙先生过世了。

有机会与出类拔萃的摄影家在一起工作，我非常幸运。姜运求是第一位，我们的缘分也最深。这是我作为装帧设计师第一次设计的摄影集，也成了设计概念在韩国第一次被引进摄影集的契机。最近又再版了。

在策划和制作过程中，我和摄影家姜运求、悦话堂社长李起雄先生三人，从1985年开始花了两年时间每个月都到庆州一次，在南山进行采访→⑬。摄影家、编辑和设计师经过反复磋商，由摄影家拍摄，这种做法是空前绝后的。

庆州南山是新罗的圣地，到处都是佛像。即使现在想生儿子的女性都要去摸佛像的鼻子祈祷，所以有不少佛像的鼻子都给摸塌了。

杉 你们制订摄影计划的时候都参考了什么资料？

郑 姜运求先生早就想出庆州南山的摄影集，他用了很长

⑩ 姜运求的摄影集《庆州南山》(悦话堂，1987)的外观和内容。

时间对史实等进行了全面调查。摄影都是以姜先生为主进行的，我们去是配合他。然而一年过后，他突然提出还要拍摄一年，他说这一年是以佛像为主拍摄的，这样还不够，还要重新拍摄山上自然怀抱中佛像的状态，结果花了两年时间。

在进入设计阶段的节骨眼上出了问题。我作为设计师陪着他采访了南山，所以选了表现南山时间变化的、有季节感的照片。然而姜先生选的照片却截然不同。他选的佛像照片是根据历史的脉络，而我坚持认为在表现佛像的同时也要展示南山。

两个人的意见针锋相对，足足吵了一个月，后来是李起雄社长出面调停才言归于好。姜先生这个人特别倔，只要说出一个"不"字，就甭想让他改口。

杉 按理说拍了那么多佛像，应该更心平气和才对……(笑)

郑 完全不是那么回事。(笑)姜先生那叫一个"泥古不化"。

当然这个问题的起因出在我跟到了现场。我认为照片一旦被置于书籍的形式中，就是在读书的空间编织故事，人们想读出它的故事。设计师的作用就是与照片边对话边编故事，赋予照片以生命力，使摄影家的意图得到张扬。

然而摄影家是从照片的完美程度来进行筛选的。我选的时候重视照片与照片之间以及照片与其背后潜藏的故事的关系，而姜先生却把重心放在了照片本身。

设计才是照片的最好帮手

杉 我也做过不少日本的优秀摄影家，如奈良原一高、川田喜久治、东松照明等的摄影集，与你有类似的体验。摄影家是以他独特的视角裁切世界，然后把它带回来的。鲜明的个性捕捉到的画面，毫无疑问是独到的。然而编辑成书却需要不同的视角了。

即，有摄影者和欣赏者。设计师究竟是摄影者还是欣赏者呢？或两者兼而有之呢？这是非常棘手、微妙的问题。

按照我的印象，摄影家一般对拍摄的场地有强烈的记忆，或者因为他在拍摄前付出大量的心血，所以连画外的印象也变成残像，留在他看自己的照片时的眼里。然而这是无法传达给初次看照片的欣赏者的，所以我认为，设计师的作用就是使摄影师和读者很好地沟通。

不过，看了这本摄影集却看不出半点吵架的痕迹。这本摄影集有两个主题：一个是摩崖佛或新罗的佛造像，另一个就是庆州南山的风土和景观的介绍。两个主题在书中巧妙地奔突冲涌，摄影家的个性和郑先生的个性最后归于释然了吧。

郑 也许正如您所说。姜先生想以佛像为核心表现南山，而我是想通过照片在展示佛像的同时，展示包括南山风貌的整个现场。

我建议，定一个出发点，以登山再下山的形式构成本书，这个建议被采纳，结果全部问题迎刃而解。

杉 登上南山再下山，也就是说顺着这条路安排照片的顺序……

郑 是的。这个建议还包括加入地图。

杉 这是很高明的办法。

郑 做过编辑的经历这时候就派上用场了。我建议在书的中间用山顶照片，姜先生也同意，一个人又去重新拍了一次山顶→⑫上。从那时起两个人又能一起配合工作了。《庆州南山》以后，我和姜先生又一起工作过几次，基本是令人满意的，因为他开始认识到"设计才是照片的最好帮手"。在姜先生的其他摄影集中，我还受他的委托写过解说，这是很光荣的。

杉 原来如此。拍摄山顶照片的时候就是和解的开始啊。巅峰的体验使人心底的和谐和宽容被唤醒……

郑 下山的地方加上了黄昏的照片，即书的结尾部分的这

⑬——在庆州南山的拍摄现场。正面左起李起雄、郑丙圭、姜运求三人。1985年8月。

⑬

张照片也是补拍的。我也一起去了，等了两个多小时……

杉 最后将静寂的时间封存在一个镜头里，和平降临……

郑 我与摄影家再次交锋是在照片的裁切问题上。姜先生无法接受我对照片的大胆裁切，虽然只是对个别的几张……要实现这个大胆地使用余白的设计，还要过关斩将啊。

杉 是啊。许多摄影家都只能在视景器的限制下裁切世界……

不过为了使影像融入到书籍这个时空中，需要另辟蹊径。例如"总体的印象有了，而局部想看得真切"时的局部，就必须大刀阔斧地裁切放大。有时这是会遭到摄影家抵制的。

但是最后还是全权交给了你这个设计师。

郑 摄影家和设计师如果不配合，就制作不出吸引人的摄影集。姜先生最后认识到了这一点。

用视觉效果表现民俗文化

杉 姜先生是一位善于捕捉充满静谧内敛的自然的优秀摄影家，而金秀男先生是你常打交道的另一位摄影家吧。他却是马不停蹄地奔走在亚洲各国，拍摄了关于"萨满教"(shamanism)的摄影集(《亚洲的天空与大地》, Time Space, 1995)，那可是灵性呼之欲出的影像，令人眼花缭乱的杰作→⑭。

郑 在韩国早有定论，静物影像数姜运求的拍摄功底最深，而动态摄影则以金秀男为顶峰。

这本关于"萨满教"的摄影集本来打算做成更大的开本，但这家出版社对美术丛书规格有规定，所以就成了现在的规格。

杉 你做金秀男先生的摄影集没有翻脸吗？

郑 我和秀男只吵过一次，那以后再没红过脸，常一起喝酒。我认为"既然萨满教是主题，不是摄影作品集，就只好让设计师对照片进行加工"，然而他认为"不行"，两人的想法针锋相对，都是血气方刚的年纪啊。

秀男知道我从大学时代以来都做了些什么，也知道交给我没错，所以那以后没再发生过任何问题。

杉 金秀男先生用了十年时间采访巫女、乐士以及祭官，他拍摄那些仪式的摄影集系列《韩国的祭祀》(全20卷，悦话堂，1983 1993)也相当出名，那也是郑先生设计的吧。

郑 我负责的只是封面和文字字体的设计，里面都是悦话堂编辑部设计的。我曾参与了一些意见……

⑭

⑭——金秀男的摄影集《亚洲的天空与大地》(Time Space, 1995)的封面设计。

⑮——《韩国的假面和假面舞蹈》的函套与两个分册，《韩国的假面》和《韩国的假面舞蹈》。

杉 还有一本很厚的韩国的假面摄影集(《韩国的假面和假面舞蹈》,杏林出版社,1988),以黄色为主色调的设计给人留下深刻的印象……韩国的假面,特别是用西瓜皮做的假面,表情生动丰富,展现的是一种大胆独创的境界。这本摄影集上卷介绍假面,下卷介绍舞蹈,两册为一套,书做得非常考究→⑭⑮⑯。

郑 一开始打算做成一卷本,前半部分放假面,后半部分放舞蹈的方案做出来一看,不伦不类,既不是摄影集,也不是资料集。结果与出版社商定,采取依照片解读十四种假面舞蹈过程的编辑形式。

根据不同的假面舞蹈场景,分别配以扼要的内容摘要,重新编辑设计。没有所需照片的就请金秀男补照,他二话不说去重拍。出版社很热心,给我专门派一位研究民俗学的助手,编辑花了三年时间,工作完成得很圆满。

杉 假面直接看已经妙趣横生,演员戴上它,配以服饰,伴以与角色浑然一体的动作,再看那魅力、那神韵……这还得

⑮

归功于郑先生的设计和金秀男先生摄影的功力。摄影集中鼓荡着与假面·舞者共舞的激情，洋溢着对民众热爱的假面剧的赤诚之心。

郑 这本书出版后，我带上书和金秀男一起到东京拜访了杉浦先生。连1988年7月1日这个日子我都记得一清二楚。

杉 对，对。日本正好在举办韩国假面剧的公演，关注度相当高。我记得听说在韩国出版了这样的书深受感动。庆

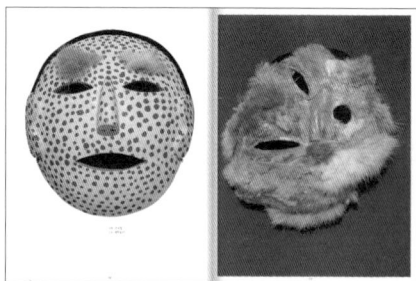

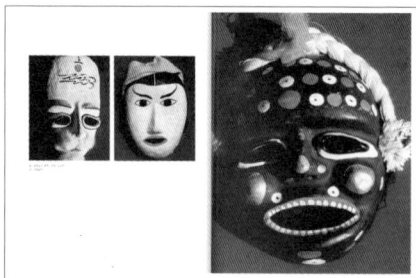

州南山的书和韩国假面舞蹈的摄影集，在郑先生的工作中都是反映韩国的自然风土和精神风土的。如此说来，郑先生的工作许多都与悦话堂有关哪。我觉得悦话堂的社长李起雄先生是个志向高远的谦谦君子，你们打交道的时间不短了吧？

郑 李起雄社长以悦话堂这家出版社为依托，在韩国开美术出版之先河，又经过几十年的苦心经营，组织实

⑯—《韩国的假面和假面舞蹈》（杏林出版社，1988），上卷《韩国的假面》正文版式。
⑰—下卷《韩国的假面和假面舞蹈》正文版式。

1
5
3

⑰

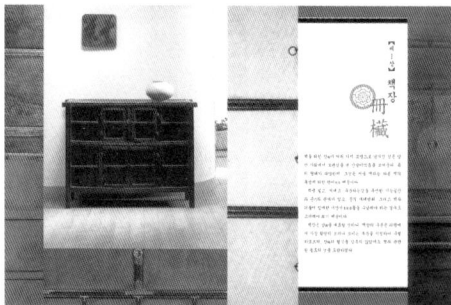

現了坡州出版园区。他的策划实力不仅在出版方面，甚至在整个出版界、文化界都是响当当的。

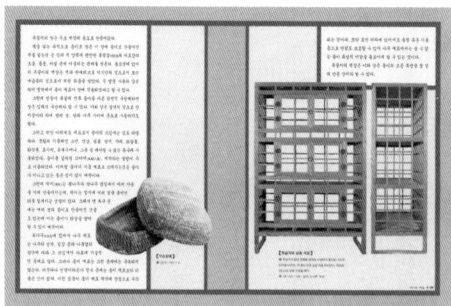

我和他曾有将近两年时间共用一个办公室，那段时间参与设计了悦话堂的书。《庆州南山》也是因为这段缘分做的工作。当然从来也没考虑过设计费的事。以后在美术文库等设

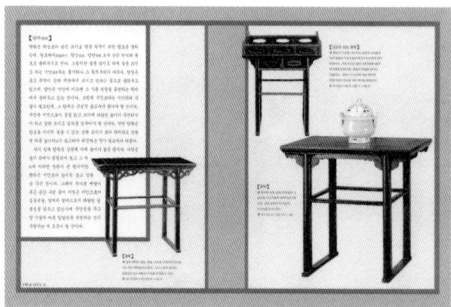

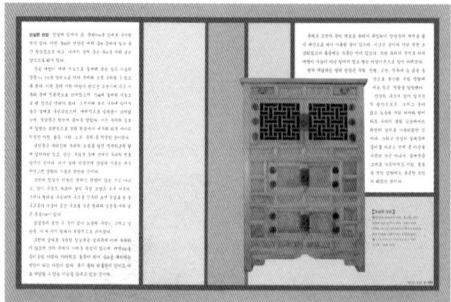

18—《韩国的柜橱》（同人房，2002）的正文版式。

计上继续与悦话堂合作。

文字表现的风景画——篆刻之美

杉 还有郑先生负责构成、设计的安光硕先生的篆刻作品集《晴斯安光硕》(延世大学博物馆,1997),令人眼前为之一亮→⑲⑳。我认为,这位篆刻作家在现代韩国的艺术家中是最具创造性的一位。他篆刻的文字传神出韵,独创的章法结构飘逸抒情。在小小石头的方寸上篆刻的简直就是用汉字表现的一幅风景画→㉑。郑先生对这位篆刻家怎么看?

郑 他的为人就令人感动。安先生孜孜不倦地埋头篆刻,从来没卖过一件作品,年过七旬时把全部作品捐赠给了延世大学博物馆。正是为了纪念这次捐赠,出版了这本作品集。

我在这本书的构成、设计上,作为新尝试,使用了上乘纸张。用昂贵的进口纸,对于我来说是第一次。那种墨迹的厚重韵味,非这种纸是无法体会的。

杉 原来它背后隐含着这方面的努力啊。我更没想到的是篆刻作品的数目竟然如此可观。

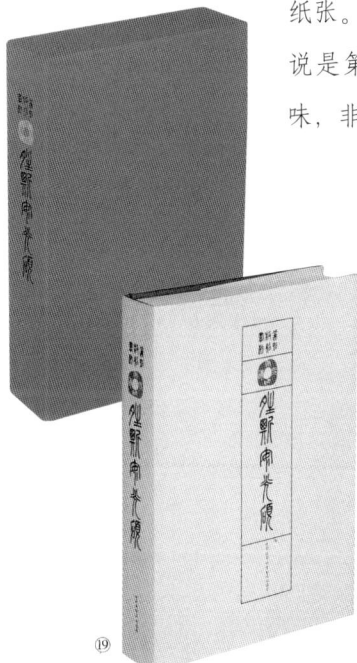

⑲

⑲—《晴斯安光硕》(延世大学博物馆,1997)的外函和书的外观。

郑 这里反映出来的只是一小部分。做这本书时最伤脑筋的是以多大规格来表现篆刻的朱印为宜。朱印太小没意思，所以就适当做大了。并根据需要，附上墨色的原寸印，增加实物感的效果。

杉 我认为正是大胆放大了篆刻的文字，造就了这本书的力度、美感。翻开每一页，都有一种独特的节奏流动。篆刻也巧妙地运用了石材自然造型之妙。郑先生的页面构成，宛若听着音色丰富、高雅的室内乐，令人赏心悦目。

郑 把篆刻的石材、实物尺寸的墨印和放大的朱印，三种不同的相位全部收于同一页面上难度很

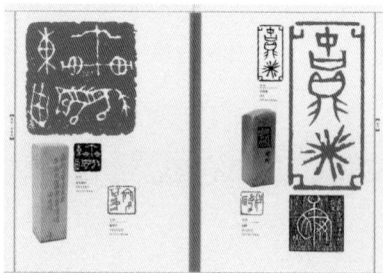

大，但也很有趣。为了这个微妙的空间和几个因素之间的关系，我在布局上伤透了脑筋。能得到杉浦先生的夸奖，太高兴了。

杉 感觉的流动抑扬有致，做得非常完美。融化在郑先生血液中的韩国美意识喷涌而出，得到充分的张扬。黑与红的鲜明对比，其间看似随意安排的灰色，试图将两个世界连为一体；安先生的篆刻文字悠然舒展，落款飘逸潇洒，令人惊叹！作品也美，设计也美。外封的朱红给人深刻的印象。书做得无可挑剔！我为这些篆刻作品而倾倒，特意以它们作为"写研"挂历"文字生态圈"（从1974年延续至今的、以文字的文化为主题的挂历）→㉚ 2003年版主题。得到了郑先生的支持，非常感谢。

㉑

⑳——《晴斯安光硕》正文版式。
㉑——安光硕的篆刻作品。上为「松明」，下为「月下荡舟」。汉字的「形、音、意」浑然一体，细腻地镌刻于方寸天地。

第二部——文字的舞蹈，唤醒韩文字的象形性

功能性的文字，具灵性的文字

杉 最近郑先生的书籍装帧设计中用了不少韩文手写体或书法呀→㉕㉖㉗。

郑 我学习西方的文字编排设计时意识到，文章的内容和活字字体虽然不能完全吻合，但是必须选择与内容最匹配的活字……这种想法一定是在表音文字的漫长历史中逐步形成的。

西方没有象形文字的传统，所以与东方视文字为生命体、与人类共生的象形文字文化圈大相径庭。这也许因为他们动辄把文字——活字看成单纯的工具，只关心如何提高功效的缘故……因此西方创造的文字编排设计，从东方的角度看似乎命中注定地有一种不过瘾的感觉。杉浦先生着眼于文字本身具备的生命力，对汉字的象形性深入洞察。您在《造型的诞生》一书中具体举例论说，我读了深有同感。

杉 例如古代的"气"字，一说它的字形是从飘在空中的云演化而来→㉒。同时又说它是表现肉眼看不见的、大自然中蕴藏的生命力。它的古形是三横垂直排列，象征天、中空、

大地的三层大气。然而，上面一横左端向上翘，最下面的一横向右下垂。单纯的三横仅仅在造型上稍加变化，即有了风云变幻，天地间的气韵流荡，不可视地从天而降的"气"之形。

汉字能够感知看不见的自然的作用，例如微风吹拂、植物萌芽、动物呼吸，甚至大地孕育之精气等，并将它们巧妙地融入字形，总结出生动的形。这意味着文字与大自然的生命力是共生的。

郑 我认为，这正是汉字的象形性所代表的亚洲视觉文化的特征。记得您曾说过，象形文字是直立的大厦文

字，将几层意思结构性地重叠在一起；而表音文字则是水平地连接在一起的火车文字。我由此得到启示，认为韩文字是"具有象形文字特点的表音文字"。我觉得正是在这一点上韩文字有新意，可以这个特点对东北亚文化做出贡献。

我现在尝试的就是发挥韩文字象形性的表现。即脱离西方现代主义的机械美学，奔向尽量不用活字即摆脱直线的世界。如果一个内容，一本书都能有一种属于自己的字体该多么幸福？每本书都有自己的字体的话……我把它称为"一书一体"。这才是活字的理想国啊。

杉 以设计语法论，应该是标志化即标记文字(logotype)的一种想法……然而，为什么是理想国呢？

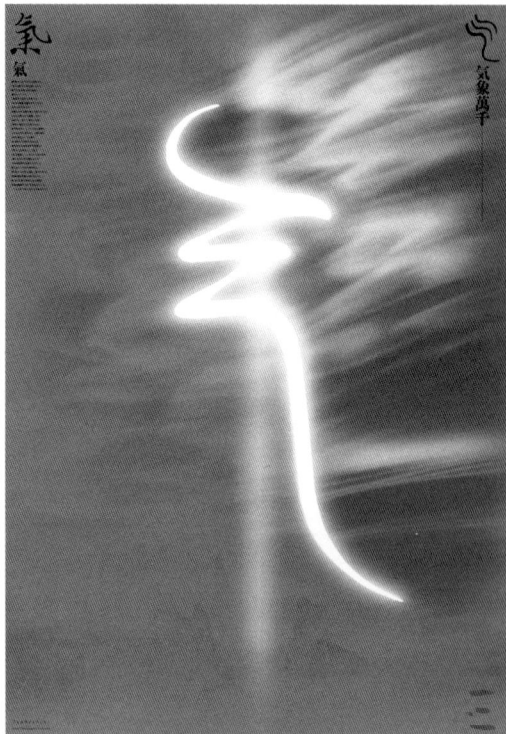

㉒—"呼吸的文字——气"。以三条线和它的跃动将天和地连在一起的"气"字。它直立于宇宙的风（Prana）中。为首尔举办的「Typo Janchi 2001」制作的海报。设计＝杉浦康平＋佐藤笃司。绘图＝武田育雄。

郑 文字在视觉上的表现和内容结合得天衣无缝的状态。终极的状态就是退回到语言与事物分家以前的状态。我认为文字如果能做到这一点，那就是理想国。表现和内容不能匹配，这是精神医学上所说的分裂状态。当今的活字，特别是西方的活字表现出来的正是这种分裂状态。拙劣的数码文字编排设计即为此例。

文字的遗传基因，文字的深层意识

杉 韩文字发挥表音文字的功能是可以理解的，它的哪些部分相当于象形因素呢？将几个发音符号组合起来，就成了象形文字了吗？你能否再解释一下。

郑 直到15世纪发明韩文字以前的漫长时间，韩国一直使用的文字是中国的汉字。使用汉字是因为韩文字还没有产生，然而使用汉字时已经有了将汉字韩文化的记述法，就是使用了将汉字作为表音记号的"吏读"或"口诀"等。韩文字是在长期的"吏读"和"口诀"，即对汉字的优缺点进行筛选的基础上创造的文字体系。韩文字中渗透着直到15世纪中叶它诞生之前、韩国人都在使用的文字的痕迹。

就文字而言，或许相当于无意识的部分……我认为在韩

文字的无意识中，打上了它诞生以前使用汉字的烙印，即象
形文字的痕迹啊。

杉 即韩文字的根源，构成其根基部分的痕迹。不仅仅是
借用其形……

郑 就像人有遗传基因一样，文化也有遗传基因。同样，
文字也有遗传基因。这种遗传基因正是韩文拥有的历史性象
形性。遗传基因无意识地留在韩文字中。我希望把它叫做韩
文字的象形性。韩文字虽然是表音文字，但似乎又孕育着象
形性的相位。

另外在不同层面上韩文字也蕴涵着浓重的象形性。韩语
的名词中80%是汉字词。用韩语转换了汉字的发音，但是汉
字内在的象形性是无法去除的。韩文字中的无意识和文字的
DNA隐含在韩文字象形性的深处。

杉 能具体举例吗？

郑 使用韩文字以前也有语言(mal)。然而在韩国发明文
字时，选择了韩文字这一表音文字体系。从韩文字的单词结
构看，可以发现有趣的现象。韩文字
基本是由辅音、元音、收音三要素，即
子音与母音结合的三拍构成。

例如"少年"写出来是"소년"，

서울에 왔습니다.

서울에 왔습니다.

서울에 왔습니다.

서울에 왔습니다.

㉓

㉓ 反映新倾向的韩文书体。增
加了手书的韵味。

在视觉上使辅音、元音、收音结合起来表述。但是写成"ㅅㅛㄴㅕㄴ"发音是一样的。这是字母方式的。语言学家崔铉培在50年代曾主张用这种方式书写韩文。然而，韩文的造型特色是把辅音、元音、收音布置到四角框中。这种造型上的表现体系恰恰是象形文字的啊。

杉 将方形作为一个文字单位，在方形中排列组合音素记号。再将这种方形文字排列成行。这是与汉字完全相同的结构。

郑 盖房子的时候有建筑限制。韩文字同样也有限制。韩文字要在方形地皮上盖房子的时候，被限制在辅音、元音、收音的三层结构。超过三层就要移到新的地皮上。而汉字似乎是在方形中起高楼……正如您指出的那样，方形是韩文字象形性的基础。在这个四角框中盖房子的时候，如何安排音素的形相互之间

163

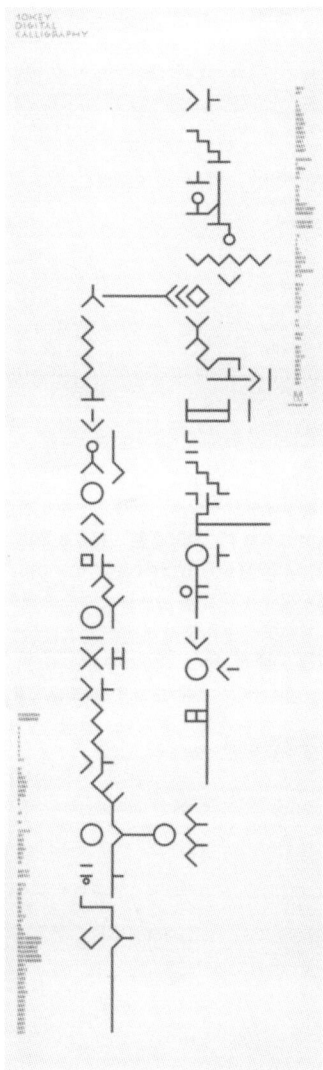

㉔

㉔——闵炳杰的实验文字。选自「基于十个造型要素的数码书法」系列。他设计了表现现行韩文文字系统无法完全表达的音的文字，只有在理论上可能存在的假想文字，并探索将包括韩文字、汉字、假名、字母串连起来的可能性。文中写道：「〔文字〕的「横画像马嚼子一样写」竖画像鱼鳞一样写」。2003年。

的关系、如何构建总体的形制是韩文字象形性的基础。

字母只有横向的排列关系，而韩文字各个要素之间在这个方框中发生关系。这种关系即一个单词的表达在每个画面都不同，可以比喻成绘画。即在这个意义上，韩文字具有绘画性。

如果西文字母是线的话，东洋文字就是构造性、绘画性的。韩文字也共享这个部分。不妨把韩文字的视觉性特征看成是受了汉字的影响，即韩文字也可以有书法。请您将表音文字的韩文字在视觉性表现上的多样性、多种潜能解读为"韩文字的象形性"吧→㉓㉔。

杉 哦。韩文字的三层建筑结构……这种结构性具有与汉字相似的性质。发挥这种结构性的优势，也可以有书法。

郑 子音"ㄱㄴㄷㄹㅁㅂㅅ……"和母音"ㅏㅑㅓㅕㅡㅣ……"正如所见，韩文字的字形是以水平线、垂直线、三角、四角和圆圈等基本造型要素构成为特征。

水平和垂直加上基本的造型要素依次组合，可以产生许多有趣的韩文字。可以说这也是韩文的魅力。它是以既简洁又坚固的基础造型要素构建的文字。

杉 子音、母音的简洁字形组建的结构性，既是韩文字的魅力所在，又产生与象形性结合的特点。这一点我完全理解了。不过从文字书写的角度来看,这个三层结构不能连着写吧?汉字有草书体。构成文字的一点一画,分散的文字构成要素,能够在迅疾的运笔中一笔下来。它是一种连贯的运动。在挥运之中点画成势,"气"脉连通。血脉、树液开始流淌。文字活了……

郑 韩文那样写就没法认了。因为汉字只要有基本结构就可以省略,而韩文不能省略。比如说"님"是"爱人",而"남"则是"别人"。这样就只能离婚了。(笑)作为表音文字,韩文字本身是发音符号,所以稍有变化发音就变了,意思也变了。因此草书几乎是不可想象的。

杉 郑先生的文字论提出了耐人寻味的问题。似乎从略有不同的视角阐明了汉字和韩文字的关系。

165

手书韩文,文字与身体的关系

杉 郑先生的这些想法是你个人的呢,还是你们这一代人的共识呢?或者说是已经反映到年轻人思想上的意识呢?

郑 是我个人的想法。一有机会我就到

㉕

㉕—崔仁浩的长篇小说《海神》(开放园出版社「Wolimwon」·2003)的封面设计。

处宣传，所以现在有不少设计师表示
理解，产生了共鸣。

到书店您会发现，除了学术著作
以外，书的封面标题基本不用活字，即
使用也多为文字变形、意象化的形式
→㉕㉖㉗。

杉 最近在韩国的书籍装
帧设计上用书法体韩文很
流行啊。郑先生的影响一
定不小吧……

郑 我希望把它定位为韩文文字编排
设计的新现象，而不是暂时的流行。最
近年轻设计师们设计出千姿百态的韩
文手书文字→㉘。

杉 为什么年轻人要设计
韩文呢？

郑 现在二十几岁的设计师们是不
认识汉字的一代人。设计手法也是不
经过手绘，而是直接用电脑设计。我
想是这一代人的创造力以这样的形式

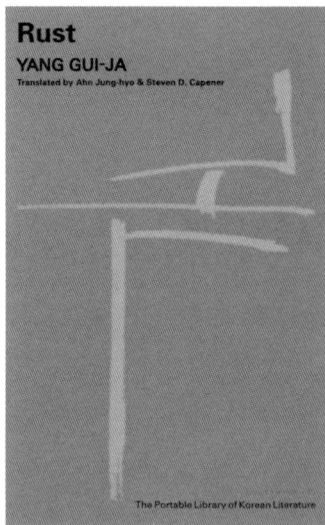

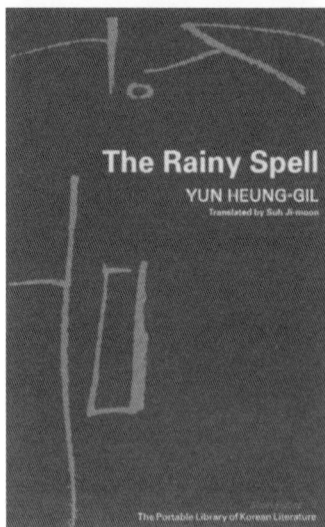

Rust
YANG GUI-JA
Translated by Ahn Jung-hyo & Steven D. Capener

The Portable Library of Korean Literature

The Rainy Spell
YUN HEUNG-GIL
Translated by Suh Ji-moon

The Portable Library of Korean Literature

㉖

㉖——《锈》、《梅雨》。均为集文堂的《韩国文学便携图书馆》(The Portable Library of Korean Literature, 2001—2003)丛书设计。

展现出来了。我想简
单介绍一下与此相关
的韩国的情况。日本
有很长的历史时期在
同时使用汉字、片假
名、平假名，现在还
在继续；而韩国的历
史则要更复杂一些。
韩国经历了只用汉字
的时代，汉字和韩文
字并用的时代，然后
进入只用韩文字的时
代。现在事实上是不
用汉字的。80年代初
从竖写过渡到横写，
与此同时现实生活稳
定在只有韩文字的状
况，甚至有一个时期
在学校不教汉字。现
在反而设立了独立的

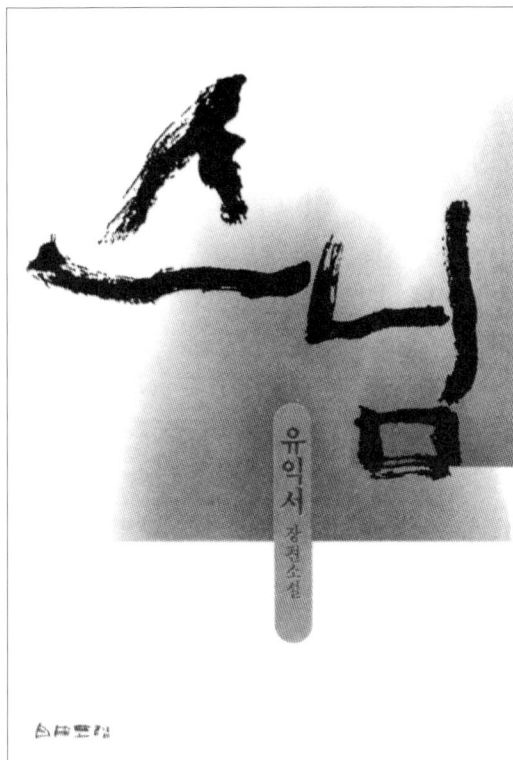

㉗

㉗——《寺庙》（自由论坛出版社，
1998）的封面和《风云》（晨之国
[Achinmaral]出版社，2000）标题文
字的设计。

"汉文"科目……

杉 韩文字在世宗大王制定训民正音时是竖写的，为什么变成横写了呢？

郑 确实在相当长的一段时间竖写是最平常的。当60年代为了提高办公效率，出现了用打字机打印的横写文件时，"横写"给人以美国式、官僚味的印象，一般人很难接受。然而进入80年代，一旦引进了照相排版，横写反而很平常了，并产生了韩文"空间化"的问题意识。

杉 "空间化"是什么意思？

郑 字母如是，横写文本在瞬间给人以视觉上的整体感，强调空间性；竖写与横写相比一行拉得更长，读起来更费时间，边读边理解意思所以时间性介入其中。关于横写的空间性，伦纳德·施莱茵(Leonard Shlain)在他的著作《字母与女神》(*The Alphabet versus the Goddess*, Penguin, 1999)中做过论述。

㉘

㉘以「想象——设计，是我叫你的名字」为题的形象海报。2004年，韩国视觉传媒设计节设计＝徐基欣。

1
6
8

韩文从竖写到横写的过渡，对韩国的视觉文化赋予了新的方向性。首先出现了韩文的活字从横长向竖长变化的倾向。竖写的排版在很大程度上受到日本的影响，而进入横写时代，便出现了韩国自己的排版和书籍正文设计。而且开本也比日本的书籍大，以B5尺寸(182mm × 257mm)的开本为主。杂志也大，大开本更受欢迎。韩文字的空间化意识在设计层面得到张扬。

杉 原来如此。不过年轻的一代既然习惯了电脑上社会化的活字，为什么会喜欢手书文字的设计呢？

郑 在电脑世代的眼里无论文字还是符号，恐怕都是作为电脑内存的视觉符号来认识的。换言之，即活字已经不再权威了。在年轻人中无视韩文正书法的书写现象相当普遍。模拟世代还将文字

㉙ ——上起《合欢树》（同胞社[Hangyore]，1988），《不比身高，比心高》（金永社[Gimmyoungsa]，1988），《时间的砂场》（金永社，1988)的封面设计。"在视觉上强化活字意义的尝试。加入与活字相符的形象因素、想使它的意思能贴近触觉……"（郑丙圭语）

看成线形结构,而数码世代却把文字总体看成印象。用年轻人的新感觉,也许应该叫"电字"而不是"活字"。

我甚至感觉,韩文字的结构内部蕴涵着某种催生自由设计的东西。

杉 你指出的这一点很有意思。电脑文字是社会化文字的代表,每天都使用,自然渴望一种属于自己的文字,这是很好理解的。

另外一点,大概还有文字与身体的关系吧。书写工具从毛笔、铅笔、圆珠笔等变成电脑。从"写字"变成了"打字"。然而敲键盘并不是身体反应。

"打"、"敲"与触觉有关,本来是全身性反应。触觉是原发性、遍及全身且很难忘记的。身体一旦记住了的,就成了身体文字。"写字"也是身体反应之一,汉字在多次书写过程中自然而然地被存入记忆。无论汉字还是韩文字,手写的时候手要动五六次,而敲键只要一次。看着电脑画面敲键是一种反射运动。敲键与全身性运动不同。

手书文字可以承载自己的身体性和"叫"的狂喜。手书不仅使文字生义,而且使它有感情有叫声,变成全身的存在。我想这也是手书文字流行的一个理由吧。

㉚—以「文字生态圈」为题的「写研」挂历(从1974年延续至今)。坚持采集在整个亚洲地区生息的鲜活的文字、超越文字的文字……设计=杉浦康平。

作为生态系统的书籍，东方的设计

郑 杉浦先生以前对汉字就是这样阐述的。您说汉字喧闹、有声……由于文字被彻底机械化了，反而需要身体性因素，所以手书文字才受到关注。文字是在新的意义上获得了身体性……

在您以"文字生态圈"为题长年从事设计的"写研"挂历上，文字或变成食物或变成和服的饰物，在日常生活中就是活的。这是传统文字的身体性→㉚。

杉浦先生的设计让人感到文字的身体性。而文字的身体性在您的书中不仅限于文字。它还构成书中的时间性、身体性形象。书本身就是一个生态系统。这一点揭示了关于书籍的全新视角。

感知能量即感知身体性，而能量构成的世界即生态系

㉚

统。这一点在杉浦先生的书籍构成中得到多层面的具体展现。在书籍这个封闭的造型中，能够感觉到时间的流动。例如《陀螺女》(斋藤真一著，角川书店，1985)，从护封、封面、环衬、切口到封底贯穿着一幅画。书中的时间性体现在书籍制作的形式上→㉛。

杉浦先生的伟业，是对1887年从西方传入、逾百年无人怀疑的西方书籍制作模式，重新赋予了东方的解释，创造了生态系统。是杉浦先生第一个从根本上重新审视了书籍，就东方的书籍、新文化进行了思考。是您带来了东方的书籍思维，将能量的流动封入书中。这就是"杉浦设计"的功绩。

㉛

杉 你的分析很精彩。

《陀螺女》是我在举例说明自己的书籍装帧设计思想和手法时经常提到的书。你选的书很合适……

郑 我想和杉浦先生说的话太多了。今后的一个可能性就是与您一起思考东方的设计。我平素尊敬杉浦先生的有两点：其一您是思想与工作不脱节的难得的艺术家之一。同为设计人，我觉得这一点最难能可贵。

其次是杉浦先生做了大量实验，可以说是一个实验接着一个实验。崭新的实验往往是幼稚或标新立异的，不容易被接纳，然而杉浦先生的作品却是实验性的完成的作品。我把它称为"完成的实验"。这是我最后最想说的。

杉 这样的实验精神郑先生也发挥得相当充分，对韩国的书籍装帧设计带来很大影响。郑先生对韩国文化深厚的底蕴，结交朋友，营造人和的为人，正是这些调谐的力量产生了卓越的书籍设计啊。

我的设计实验如果不是标新立异的，那是因为我总在交往中努力寻求人和。

我们的话题广泛，谈及韩国的出版现状、书籍装帧设计、韩文字和汉字的文字论、以及文字的身体性、书籍的生态系统……愿我们今后有机会多对话。

——2003 年 6 月于首尔及 2004 年 8 月于东京

㉛——《陀螺女》（角川书店，1985）。吉原的风景画从护封、封面、环衬，切口到封底贯穿始终。每翻动书页它会一点一点地移动，包住小说的文字栏。设计＝杉浦康平＋赤崎正一。

「天圆地方」，让传统语法在今天发扬光大

吕敬人 × 杉浦康平

　　吕敬人出生于上海。"文革"期间被下放到农村，经历了艰苦的劳动。但是其间他的优秀艺术才能得到涵养。他有很好的书画功底，文章也见长。回城后进了一家出版社，立志从事书籍设计艺术。曾通过讲谈社的交流项目访日研修，后在我的事务所潜心钻研书籍设计。回国后与长足发展的中国出版界齐头并进，积极吸取中国传统书籍艺术精华和工艺技术之长，设计制作出一批批精美的书籍。他充满东方温情的设计和别具说服力的论证，对中国年轻一代设计师产生了很大影响。他在组织举办2004年"中国书籍设计艺术展"和"北京国际书籍设计家论坛"中发挥了核心的作用。——杉浦

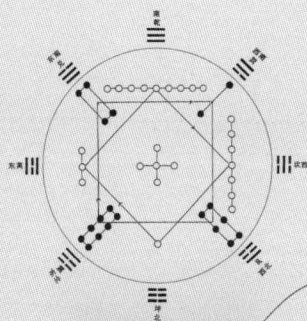

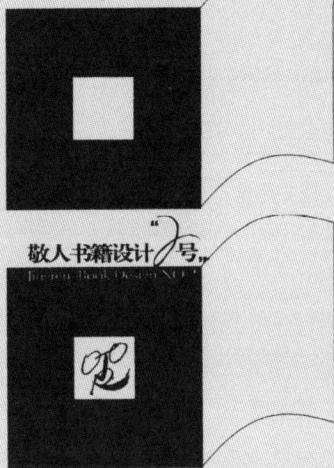

敬人书籍设计 "*J*号"
French Book Design NO.

吕敬人的标志（下）。大阴（黑）方形
上叠印小阳（白）方形，上下叠加呈
「吕」字。
上为基于圆相和方形的八卦文与
洛书图的组合。天地自然的阴阳
变化〈八卦〉与方形大地的九分割
法〈引人魔方的洛书〉揭示「天
圆地方」之深远的造化。

汉字发挥着非凡的结合力

杉 吕先生是1989年来到日本，在我的事务所学习的吧。在那之前，你在"文化大革命"以及其后改革开放的动荡年代中，一直对美术锲而不舍，后来又立志要学习新的书籍设计理念，来到了日本。看到吕先生如饥似渴、孜孜以求的学习热情，引发我对亚洲人重新有一个深入的思考。

吕 我们那一代人都经历了中国的动荡年代。这五十多年来，中国在政治和经济方面都有了巨大的变化。像"文化大革命"那样艰难的经历给我们带来了很大的痛苦。在自己内心，虽然对于艺术的追求没有改变，但在那种不安定的政治状态下所受到的痛苦记忆，无论如何都会残存在体内。后来到了日本学习，我最大的收获就是遇到了杉浦先生，您教我认识到热爱自己祖国文化的重要性。

杉 我每次问起关于中国的事情时，你都千方百计地查找资料为我解答。两个人长时间笔谈。从这些交谈中我感到，奠定今天日本人生活基础的文化的绝大部分，都是继承中国传统文化而形成的。日本诸岛状似从欧亚大陆最东端突然间弹出来的几块红薯摆在那里，以中国为首的亚洲文化来到这里，不断地堆积沉淀下来。

文字亦然，汉字已经成为我们日常生活的根本思考方式与文化的基础。我们两人就经常笔谈，克服了语言的障碍。我写的日本汉字和吕先生写的简体汉字，虽然字形有所不同，但相互一看就能共享意象。今天有翻译，我们可以毫无顾虑地交谈，我希望能更深入地探讨一下有关汉字的话题。

首先想问的是关于汉字的象形性。汉字是由"线"与"点"复合而成，仅仅盯着一个个汉字看，就会激发人的想象力。我想这是因为汉字既是物象又是物象某种程度的抽象化和象征化。这种象形性形成汉字的一个特色。

作为创造并在日常生活中使用汉字的中国人，从使用汉字进行书籍设计的角度，吕先生是怎样看汉字的象形性呢？

吕 汉字始于雕刻在龟甲或动物骨骼上的"甲骨

①——汉字的诞生及其变迁。右侧表示变化的书体名称，左侧为文字抽象化的阶段。始于观察，经过具象、离象，走向超象、非象。汉字书体顺应时代变化，逐步走向抽象。

甲骨文
金文
篆书
隶书
楷书
草书

察象
取象
具象
表象(事)
离象
遗象
超象
非象①

天地玄黄　宇宙洪荒　日月盈昃　辰宿列张 ②

文"，然后是铸刻在青铜器上的"金文"，随之是篆书、隶书、楷书、行书等等，在漫长的历史过程中不断地衍变→①。

　　尽管，现在人们在日常生活中每天都看到汉字，但是对字体却视而不见。在中国，有一些艺术家、书法家、篆刻家致力于字体的研究，但只是很个别的例子，更多的人——譬如即使是出版社的有些编辑——也不关注字体的美感以及蕴藏其中的意义。

　　汉字的每个文字中蕴涵着无穷的趣味。所谓汉字的象形性，就是指汉字在反映事物形态的同时，也反映了它的意义以及声音。将某个文字与其他文字组合，便会带来不同的意思、不同的发音和不同的感觉，那可以说是一个宇宙吧。进而将这些文字构成词组与另一词组结合起来，便成了诗句。把这些单行诗句再组合成诗的话，将可以达到其他文字所无法表现的意境→②。

杉　汉字发挥着说不清的非凡的结合力……

举一个现代的例子可能有些唐突,超现实主义诗人洛特雷阿蒙(Comte de Lautréamont)曾使用"如同缝纫机与洋伞在手术台上相遇般美丽"(长篇散文诗《马尔多罗之歌》)这样的表现手法，这语句是异质的事物间出乎意

②—「天地玄黄、宇宙洪荒、日月盈昃、辰宿列张。」由一千个字构成、内容涵盖广泛的朱熹《千字文》开头四组词。

林缶一鬯彡
リン フ ワ キ チ サ ン
③

料的相遇或超越逻辑的拼接。还有杜尚(Marcel Duchamp)，他把躺倒的马桶搬进美术馆名之曰《泉》，从而改变了艺术概念。我认为杜尚的意图在于从西方现代的理论、逻辑向不同维度的跳跃。

在偏旁结合、头脚叠加的汉字构造上，有与此类似"意义"的铺陈。有意外性、发现性和创造性。听了你刚才一席话，我忽然产生了这样的联想。比如"鬱"这个烦琐的字吧→③，它有一个简直像现代绘画、抽象画的字形，几个字拼接各自的意义，欲穷尽郁闷、心烦这些"鬱"的本质。而在手机短信、互联网上也能发现同样的集群，即时下流行的一种称为"emotion"——表情文字的字符→④，是以横排文字与符号组合成图形，尝试突破文字的传达。这些表情文字的符号元素再紧凑一点的话，与汉字的字形就很接近了。在遍布全球的电脑空间也孕育着类似汉字的复合性和多重性，以期打破字母排列的单调。

文字的组合产生文章，产生诗篇

吕 汉字是中国人祖先的智慧结晶。汉字的造

(⌒▽⌒)╱""

(*_*)

(-_-)zoo...

(￣□￣;)!!

(>_<。。。

④

③——「鬱」是木、缶、宀、鬯、彡的合成字。将装有香草的酒器「鬯」，用缶和宀（盖捂住，酒发酵），变成用于请神祭礼的酒「鬱」。从「密闭发酵」引申郁闷、心烦等词义。据白川静《字统》

④——在电子邮件、手机短信中出现的「emotion」，意为「情感（emotion）+符号（icon）」。现在，在年轻人中不断地花样翻新。

179

⑤

型与中国人的生活有着极其密切的关系。比如"招财进宝"、"黄金万两"等组合文字→⑤⑥，就会使用在人们的日常生活中。在更深的层面上，佛教与道教的相互交流中也会有各种符号(少林寺的石刻碑《混元三教九流图赞》中将佛教、道教、儒教融合在一起形成三位一体的符号)的交换、引用，并会不断有新的汉字产生。

从字的组合中产生出新的文字、新的诗。如图→⑦E那样以汉字字素的构成拼合，形成具有丰富含义的新文字；另以汉字的字素、字形进行文字游戏般的巡回排列的"回文诗"→⑦D；拆散文字偏旁的"离合诗"，如"成处合成愁？离人心上秋。"(宋·吴文英《唐多令》)还有文字结构颠三倒四的"神智诗"→⑦C，运用汉字的独特形态形成汉文化中各种诗体形态。正因为有了这样的文字形态，才在汉字文化圈中产生了如五言、七律等根据一定的规则而形成的具有韵律感的诗歌形态。

杉 很有道理，确实如此。

我在来北京的飞机上读了一本关于《说文解字》的书。《说文解字》是西汉许慎著，以中国最早的汉字研究典籍或辞书闻名退

⑥

⑤——「招财进宝」的结体字。烫金。
⑥——「黄金万两」的结体字。剪纸作品。

迹。据说许慎在书中说，"文"是像纹样一样记述事物，"字"是将这样产生的纹样像繁育后代一样大量繁衍的结果。这是极具象征性的、有趣的解释。换言之，"文"相当于是象形文字及指事文字(象征性地表示动作与状态的文字)，"字"相当于形声文字、会意文字。他以"文"与"字"二字说明了汉字的基本构成法以及意思的创造法。

吕 "文"是从原始的象形文字中产生出来

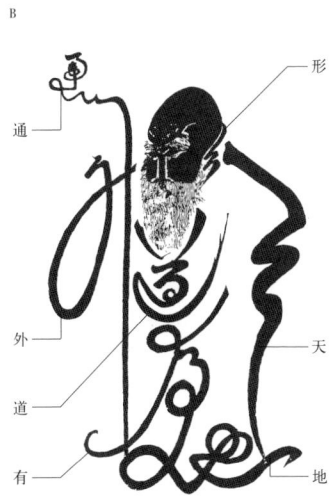

A
ART
FOR
THE
PEOPLE
B

C

D

E

⑦

亭景書
老蒜筇
首雲暮
汪鞚峰

通 外 道 有 形 天 地

⑦—各种文字游戏。
A—中国艺术家徐冰创意的英语字母汉字。对字母纵横罗列，把一个英语单词变成汉字形态。
B—拄着手杖、长髯飘飘的老寿星。意为「道通天地之真理」。河洛七字体寿星图碑。中国。清代。
C—对诗的字形及结构赋予变化，集人、神智慧的「神智诗」之例。宋代诗人苏东坡的《晚眺》。将构成七言绝句的28个字浓缩、重新塑造成12个字。
D—唐代以后流行的诗篇。以八卦文结成的八瓣莲花瓣上排列着192个字，表现一首诗。屈大均作。清代。
E—「拐李先生法道高」。将八仙之一铁拐李的名字含在春联中的部分。

⑧

的→⑧，这可能并不代表文字创造的意识的诞生，或许仅仅是作为一个标记、记号而存留下来的。这个标记被人们共通地使用、记忆，即成为了文字。

杉 有一种风俗是在死者或新生儿胸口、额头上打上"×"号避邪。"文"大概原本就是用来避邪的记号吧。而支撑着我们今天的文明、文化的语言，就用这个"文"，耐人寻味。

吕 《说文解字》中提到，是传说时代的帝王伏羲创造了汉字。某天，伏羲折了一根树枝，在地面上轻轻画了一条线。这个"一"生出了"二"，"二"又变成了"三"，"三"则形成了万物。"一"，分开了天与地、阴与阳、日与月，是诞生万物的最初的一画。因此，这一画成为了中国文字概念的基本，同时也创造了阴、阳的概念。俗语说："一画开天，文字之先"。

内含对称性与阴阳原理

杉 关于汉字我一直有个疑问，记字的时候字形越单纯越容易记忆。

冠　角　胴　尾

鼻　口　眼　爪　足

⑨

然而，中国的文字一开始字形就很复杂。

比如"鱼"这个汉字→①。一般来讲，只要在带尾巴的鱼的轮廓上画上眼睛，就知道是鱼了。事实上很多古字也是这样的。可是汉字却在轮廓里画上类似"×"印记的骨头、添上尾鳍，使其复杂化。

"鱼"在汉语里念"yú"吧？这么复杂的字形，必须边写轮廓边念"鱼"，写骨头再念"鱼"，"鱼、鱼"地非得发音五六次才行。(笑)也就是说，在古代书写汉字的行为可能不带声音的。

吕 有这种可能性吧，不过得找专家请教。

杉 不是在文字搭载声音，而是将文字形态所蕴涵的生命力牢牢地记录下来，也就是使可视与不可视的物质两者都能包含进来……

再举一个例子，古代中国(殷代)有一种别具匠心的，称为"饕餮文"的青铜器装饰图案→⑨。"饕餮"的意思就是"贪婪，贪吃"。这个装饰的概念非常特别。这里刻着

⑨——殷代装饰青铜器的「饕餮文」。上：对复杂的纹样的解读。遮住对称形的一边，出现了虎、龙、凤、牛、羊等形象。下：由饕餮文衍生的兽面。公元前七世纪后期。在圆睁的眼睛上覆盖着眉毛，带鳞的犄角顶端附着柔软的蛇纹、虎姿给兽面带来丰富的表情。殷代。

⑩——将鸟、龙等叠加在一起的青铜器的装饰纹样。殷代。

⑩

⑪

左右一对的灵兽，本来单面就可以完成的纹样特意反转过来，将两侧连接成一个造型。纹样是复合而成的，而且仔细看这个纹样，居然还加进去好几种动物，在它的脸上能看见龙、凤，甚至老虎……这是一种超常感觉的装饰，与汉字的复合性有相通之处。

吕 这样的造型，与中国人的思维方式有关。在中国，人们很重视对称性。不过，在甲骨文时代大概还没有对称的概念，发展到篆书，开始重视文字的对称性、平衡、协调性，装饰性也提高了。

但是，到了隶书，却朝着摒弃对称性的方向发展了。这个时期所追求的是对比性、主次疏密，以及均衡中的非均衡性，是对比中的非对比，即经过平衡与对称阶段之后的不平衡与不对称。在非对比的同时，整体却极具调和性→⑪。写隶书时"一波三折"——一个波浪中有三个起伏，笔画充满了波势之美，就是体现这个概念的一种表达。

随着时代的变化，文字渐渐从向人们传达意义的功能上分离出来，成为艺术家的一种表现空间。文字的造型

電

申

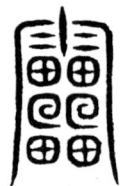

雷
⑫

⑪—形成隶书书体（左特征的「一波三折」的动态。
⑫—文字「电」、「雷」嵌入的旋涡造型，撕破长空的光旋来自「申」字。而申的字形也用在雷神—天神这个「神」字上。

184

也超出了方形的界限。

杉 吕先生这么一说，我又想到几个耐人寻味的问题。

　　我认为甲骨文时代已经有了某种对称性。比如右手、左手以"ㄑ"和
"ㄣ"单纯的对称形成文字→⑬。还有刚才提到的饕餮文周围填满了雷纹。
"電"的字形中巧妙地融入电光旋涡状滚动的形态→⑫。阴阳对称的涡流
已经存在于文字之中。中国人对于人类身体所具备的旋涡状的左右对称
性，已然给予了充分的关注。

　　还有，在形成自然的根本原理中，一定有无法相容的两个要素，一
阳一阴。正如吕先生刚才解释的那样，一产生了二。由此产生了各种动
态，产生了涡流吧。

　　我认为汉字对这种阴阳原理反应敏感，并且绝妙地表现了它的动态。

简化字走过的路

吕 汉字是先民通过构形取象的方式创造的。在取象时，时而精细，
时而粗略；因此繁简对比早在古代存在于造字之中，我们的祖先确实是

185

⑬——「右」、「左」的甲骨文和
金文。古文字字形表现为左右手
形对称状。

把阴阳的思想融入到汉字里面，留给了我们。可是在今天我们应用的文字中，一部分汉字已经被简化了。在简体字中，有不是原意的调整，但也有些字随意而为之，汉字的形声兼备的特点消失掉了。

简体化的确使汉字变得更便于记忆和学习。但是，汉字是音意文字，字体的结构与其声符、意符相关；其字形、字音、字义中具有深刻的文化含义，有些字简化后破坏了汉字的文化以及汉字所具有的内涵。

举一个简单的例子。"愛"，应属于"心"部。简化后的"爱"属于"爪部"→⑭右，没了心，还说得上爱吗？由于简体字带来的误会，也闹出不少笑话。"髪"与"發"的读音都是"fa"，简化后被统一成了一个"发"字→⑭左。"發"（发）是起始的意思，如发生、发展、出发。而"髪"属"髟"部，现简化字中"理发"取谐音。没有"髟"，何有理的必要呢……（笑）

杉 这是因为头发还会长出来，生发啊。按照中国的阴阳轮回思想，发（髪）毛没了，便转化为出发（發）……（笑）

吕 还有，"谷"和"穀"也是同样。发音都是"gǔ"，在简体字中都被统一成了"谷"。"谷"字意为二山之间，故以山谷一词容易理解，但"穀"字为稻粒，简化后全部统一为"谷"，而繁体字中这两个字的象形

发 爱
⑭

⑭——「爱」的简体字（右）和「發」、「髮」的简体字（左）。

器器 ⑮

会意是截然分开的，若"山谷"简写成了"山穀"的话，这样两个字的意思就混淆了。简体字还是会丧失象形的意义，同时也失去了传统文字所创造的独立性的自由。由于文字的这种变化，也已经体会不到古代中国人传统的创造力了。

杉 日本的新字体中，也有同样的例子。"器"字的旧字体写做"器"→⑮，中央放"犬"，是作为牺牲奉祀神的；置于四角"口"的形状是奉祀于神前的祭具，其中央放置作为牺牲的犬，也就是说中心部分是请神的场地。可是，去掉了这一点就没有了犬，为祭祀做的重要准备变得无影无踪了。

简化使文字丧失了本来的意义，对于这一点你是怎么看的？

吕 我曾经从一位书法家那里听到过一段很有趣的故事。这位先生的父亲曾是中国著名的文化学者，在"国家文字改革委员会"工作过。

⑮——"器"的甲骨文。四角置「口」（sài），结界，奉祀作为牺牲的犬。旧字体上「口」和犬没有一点的日本新字体。
⑯——"竹叶诗"。翠竹与竹叶错落交织组成一篇诗。曾崇德作。清代。

1949年解放后，对于文字改革曾有过两种不同的对立意见。

一种是推行文字普及的意见。当时的中国因为有很多文盲，作为新中国的复兴，有必要解决文字普及的问题。他们为此进行了调查，如何简化文字，适宜于大众掌握。

另一种就是为了加快扫盲速度，有人建议将中国汉字拉丁化的意见。用二十六个拉丁字母注音，完全舍去汉字造型。

杉 应该是1951年左右的事吧。我们也震惊了。

吕 当时，那些主张拉丁化的人经常引用某位文化名人的话"不消灭汉字，中国将要灭亡"；与之相对

立的语言文字学者们，则是说"汉字不灭，中国不亡"。当时的争论各持己见，也不无道理，现在看来十分有趣，但在当时是非常尖锐的观念冲突。

汉字的简化，并非是解放后才开始的。在古代已经有过多次尝试。"国家文字改革委员会"的人经过考证，权衡利弊，针对如何实现简化进行了广泛的研究，在1956年发表了"汉字简化方案"。那时的简化方法是有一定合理性的。

但是，在其后几次发布的简体字中，有很多不合理的东西。特别是"文化大革命"期间，有相当多的汉字被废除了，并显露出不少弊端和混乱，所以1986年废止了第二套方案。

述说神话的文字，具有故事的文字

杉 对于我们日本人来说，与汉字最初相遇是汉字传入日本的6或7世纪。因为没有体验过此前(汉字)在中国超过二千年的历史，所以某个字是如何形成的几乎没有人知道。然而，近年来随着对甲骨文等研究的深入，渐渐认识到"原来这个字有如此深奥的含义"。

询问神意
神祇回答

SA—装入祈祷神祇的话的容器。

古—将铖刃置于上端守护口⟦u⟧永远保护⟦口⟧。古：嘉喜形。⟦十⟧

兑—感觉到神祇的气息。精神恍惚。

圣—祈祷的容器，置口以示对神祇的旨意侧耳倾听。

言—置入用于文身的针—⟦辛⟧字向神祇传达。祷告。

音—在口内加⟦一⟧表示音讯。询向神祇。通过声音传达神祇的回答。

史—将口联结树枝用手攀起。奉献神祇，举行祭礼。
事—基本形与⟦史⟧相同，在Y部的上端置入风口祭杷。

若—进入恍惚状态。

歌—将⟦可⟧为让神祇听到祈祷发出的声音⟦可⟧字双叠起。
舞—传送神意的女巫持口起舞。

⑰

我在几年前读到一位潜心研究甲骨文的日本学者白川静先生的文字研究论述时，恍然大悟→⑰。从此汉字变成了精彩的，有着诱人故事的文字，"述说神话的文字"。

人类使用的文字形态，发展成两大趋势。一是尽可能以最快速度记录声音的方法，字母即为其例；二是激发沉睡于人类内心世界想象力的文字形态，我发现那就是汉字。

吕 在中国，也没有依照汉字的字源来好好进行教育。特别是"文化大革命"期间，因为一些政治上的原因，人们对于传统古老的文化采取了否定的态度。然而在那之后急剧的开放，又使人们的目光一齐转向了西方。

近些年来，随着经济状况的好转，人们终于平静下来能够回过头，重新看待自己国家的文化了。在学者中，研究汉字的人也在不断增加。有

⑰—讲故事的汉字一例。选自与神意有关的众多文字。询问神意—⟦言⟧、神祇的回答—⟦音⟧，对神祇的音讯—⟦访⟧，侧耳倾听—⟦圣⟧、传达神意的女巫—⟦若⟧等，以⟦口⟧为媒介的各种故事被文字化。

一位叫吕胜中的大学老师，汇集了有关汉字的图像资料，出版了一本叫做《意匠文字》(中国青年出版社)的书→⑱。当我看到在民间竟沉睡着如此具有想象力的美丽文字，也同样是恍然大悟。

关于活字字体也是一样，政府曾经也投入力量。1961年1月出了一套"书宋体611"，1964年国家投入资金，为《人民日报》出了一套"报宋641"，其结构源自日本的"秀英体"，并在北京、上海成立研究所，做出宋体字长牟。20世纪60年代专为《辞海》做了一套"宋体1"字库，但汉字异体字多，印刷字体结构复杂，规范不易。"文革"后，字体的研究也处于停顿

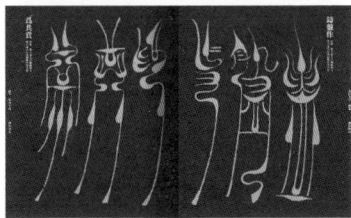

⑱—吕胜中《意匠文字》(中国青年出版社，2000)。上下两卷的封面与正文设计。书籍设计＝金子＋王序。

山

⑲

的状态。在中国，70年代后半期上海成立了日本的森泽（MORISAWA）排字事务所，那时广泛使用的是修改后的明朝体。此后，从台湾、香港也有一些字体引进过来。八九十年代中国基本上采用这些字体，继而，又补充了中国自己特有的一些字体。

不过最近，一些热衷于文字以及一些认识到文字重要性的有识之士，开始了开发中国自己的字体的工作。表现突出的是"北大方正"，他们投入大量财力、物力，汇集了一批优秀的人才在那里进行着"中国文字再生"的开发，现已初见成果。其中二款"方正兰亭"、"方正博雅"字体均有所突破和创新，这是在中国创造的最初的"数码字体"（Digital Font）。

杉 以前你给过我这个字体的样本。方正的字体曾经在东京国际图书博览会上展出过。

一波三折与天圆地方，汉字的构成原理

杉 我想再回过头来，请教一下你刚才谈到的"一波三折"，这是中国独特的造字法吧。

灾 爪 洲
彩 心 恍

⑳

⑲——有三座山顶的「山」字。
⑳——有三画的重复的汉字字例。明朝体，旧字。

192

比如"山"这个汉字，一般要表现山的话，写一个"∧"或"⊥"已经足够了，可是汉字却写成"山"→⑲，这是三座山顶毗连的形状。再看"水"字，是三条起伏的线。《易经》上也说"一生二，二生三"。之所以称为"三折"，是否因为"三"对于中国人来说很重要呢→⑳？

另一点是一看到这三折，让人很自然地联想到律动、音响。这也是对韵律、声响敏感的中国人特有的感觉方式吗？

请谈一下蕴涵于三折深层的美学。

吕　"三"确实在汉字里是举足轻重的文字。《说文》中有"三，天地人之道也，从三数"一说，其涵盖了宇宙万物的数字。"三"，本义上讲是二加一，但又具有多数之意，如"举一反三"、"三思而后行"、"三推天问"，象征深思熟虑的思维方式。还有传统伦理《三纲五常》是必念的圣贤之书，故称之谓"明三之理"。中国传统美学中也经常有审美三过程之说，庄子美学把自然无为的"道"视为大美，审美境界要经过"听之以身，听之以心，听之以气"三过程，后来又归纳为"应目、会心、畅神"三阶段。书法中的"一波三折"我想除造型以外，是否还寓意着变化、气动、韵律，以及"天地人"合一的古人宇宙观。

㉑—「天圆地方」，应对宇宙结构的汉字造型。偏小旁大。也体现阴阳原理。

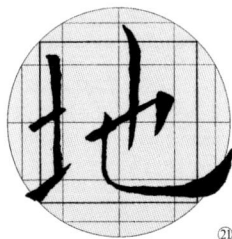

㉑

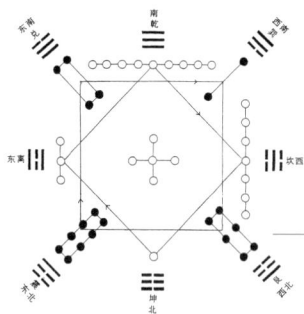

汉字的构成是以"天圆地方"为基本的格式→㉑。古人认为天是圆的，大地是方形的；大地是不动的，天是旋转的，也就是天动说。方形的大地表示文字的造型，中间的圆则表示文字的灵魂，这里包含有四季的基本概念。文字在方形的大地上律动着，所以，汉字的造字总是变化着的。

在汉字中也有阴阳原理在起着作用。一看到汉字您就会知道，字的左半部略小，右半部略大，这是因为左半部是阴，右半部是阳。这样左右两侧形成了势，由此产生了律动，绘画中所谓"气韵生动"，书法也是一样的道理。"气"代表阳刚之美，"韵"代表一种阴柔之美，"气韵"代表两种极致的美的统一，这正表现了阴与阳的关系。

杉 原来如此。左右结构时，右边部分

㉑——投影了"天圆地方"的各种造型。自上而下：洛书八卦图，表示汉代宇宙意象的铜镜，西汉的式盘，东汉时期建造的明堂祭礼殿堂结构的图像化，同时对四方位、宇宙相的图像化，方形的大地这一宇宙结构的图像化，无一例外的是对圆相的天、方形的大地平面图。八卦、星座(十二宫)二十八宿)王宫等的结构原理兼收并蓄。

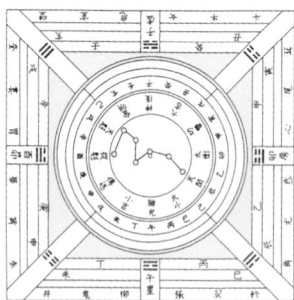

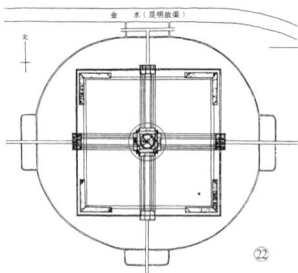

偏大……

吕 比如"硬"这个汉字，左边的"石"很小，右边的"更"就很大。从审美角度看，其体现出对比和谐之美，在不匀称之中达到均衡的最佳造型。

杉 对比的不均衡很重要。

天圆地方，音响和律动，对比的不均衡，就是说汉字具有超越几何学分割法的独到的构成原理……

象征"天圆地方"宇宙观的灵兽就是龟。龟甲不是含腹背两部分嘛，因此它被看成象征"天圆地方"的灵兽。背部甲壳代表天，腹部甲壳代表地……

古代中国有过用龟甲来占卜吉凶的"龟卜"→㉔。据说这种"龟卜"用的是腹部甲壳而不是背部甲壳。在龟甲上打洞，用火熏烤，以它的裂纹来判断吉凶。占卜的内容被刻在龟甲上，这就是甲骨文的诞生。如此说来，在象征方形大地的腹部龟甲上刻字，与文字造型为方形是互相对应的。

吕 是啊。背部是气场，所以汉字是方形文字。而无论汉字如何变化，还是会固定在一个气场里面的。在中国文化观念的系统中，"方"是一个

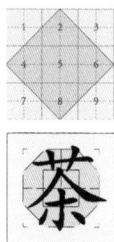

㉔

㉓

极具理想色彩的范畴，是一种空间形式，是先民对空间时间概念的表征，地方天圆，天地定位，蕴涵了阴阳气动和谐之意→㉒。

还有一种说法，即中国的汉字不是方形而是圆形的说法，很有意思。曾经有人制作了"八卦格"→㉓，大地仍然是方形的。在这个方形物的中间，八卦格的外框象征地，地为方；连接四边的中心点形成45°的内四边正方形，内正方形以外的四个角为天。也就是说，百分之五十的天与百分之五十的地，这样就形成了极为调和的比例。这样去掉四角的话，就得到了八卦。八卦里有东西南北中，所以说东西南北中全部包含在八卦之内。中国的这种汉字书写方式，一种是四方，一种是八位，然后是九宫、十二度。所有的文字都拱向中宫，这是汉字结字构成的模式→㉓。

以"亞"字为例，"亞"是指甲壳→㉕，也就是龟的腹部。东西南北中，然后它的四角是四个足，它们支撑着一个圆形的天。图形内有九个部分，这与中国传统中的一个说法"天下为九州"可能相关。五行包括了东、南、西、北、中表示一个方位，"方"是具空间的"四方"，也就是位于中央方形四面的

㉕

㉓—八卦格子的构成原理。表示大地的正方形与倾斜45度角内接的正方形（左上）。外侧正方形的纵横向三分割产生九洲。倾斜45度角的正方形内部生成八卦文的八角形和十二宫（右）。这个造型与汉字的字形互相照应。

㉔—龟卜，刻有甲骨文的占卜结果的龟甲。

㉕—装饰有龟蛇合体的玄武神（守护北方的神兽和源于大地方形的"亞"字的石碑。腹侧甲壳。

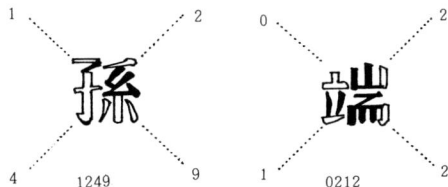

四个方形，这样，组成了一个"亞"字。

杉 龟以四个足撑着天。

吕 文字是写在这个"亞"字中央的，能控制好的话，这是一个非常有安定感的字。就是这样的一种说法。

杉 上面你谈到的主要字体是楷书和行书吧。现在我们所见的文字多是活字字体，而一变成活字，方形的四角部分反而变得更重要了吧？

日本有一位我所尊敬的、研究中国文学的学者中野美代子，她完成了《西游记》的全译，并对其中与道教、炼金术相关的象征性进行了研究，是位有独创性的学者。中野先生在尝试对汉字进行独特的读解。

三个字一组的汉字群→㉖右，每个字中间部分被抹去，但是细看仍能认出孙悟空、西游记、猪八戒……由此可见，汉字是靠四角成形的。反之去掉四角剩下的字就成了这个样子→㉖左。有可读的字，也有完全无法辨认的字。所以，汉字的中间部分作用不大，引起中野先生的关注。

另一个例子是中国电报系统的"四角号码"检字法→㉗。这种电报发送方法是对汉字四角的形状配以0到9的号码，每个文字转换为四位数编码。因此，文字的四角可以成为汉字的依据。

㉖—中间部分为空白的汉字(右)。从四角剩下的笔画浮现出西游记、孙悟空、猪八戒的名字。左为去掉四角剩下的字。

㉗—「四角号码」检字法。读取四角笔画的形，转换成四位数编码。例如「端」是0212，「孙」是1249。

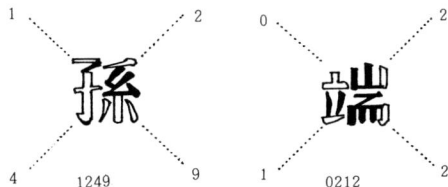

吕 我认为汉字是方形文字，而圆是文字的灵魂，这也许是非常重要的一点。这与人的精神是一样的。一般的动作可能是直线的，而精神的运动则必然是成圆形旋转的。没有这个"圆"指挥的话，动作就变得不灵活了。

杉 甲骨文应该是用利器刻在甲壳和骨头上的吧？

所以它的字形向四方溢出，非常锐利。而随着书体向金文、篆字、隶书、楷书转变，逐渐收敛成方形。但是到了草书，由于加入了人体和手腕的运动，文字再次呈现出圆相。

汉字的根基、文字构成法的根基确实是方形，而汉字深入到人们的生活中时就变得既能方又能圆了。造型能做到圆融无碍，这正体现了汉字的精深、意趣和它的伟大啊；而奠定其基础的正是"天圆地方"的宏伟的宇宙观。这一点给人留下深刻的印象。

星辰运动决定竖排与横排……

杉 中国从1949年以后，书籍文字基本由传统的竖排改成横排，只剩下

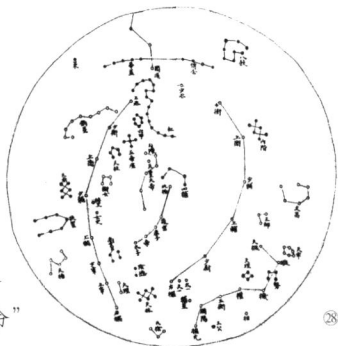

一小部分报刊仍然使用竖排。"文化大革命"
以后，报刊都改成了横排，竖排的书几乎绝迹了。

吕 横排化的变动，可以追溯到新文化运动时期。

当时，为了推翻清代封建王朝，反思中国的传统文化，引进了西方
近代的民主主义和科学思想。横排这种西方的书刊排版模式也被吸收过
来，追求新的潮流。因此，从革命运动起始，小学里的教科书也开始变
成横排了。

我认为，汉字是方形的，同时从"天圆地方"和阴阳的概念或者汉
字的结构来看，也是适合于竖排的。就是说，无论从文字结构的左右均
衡，或是从文字的多少来考虑，竖排比横排更具韵律感。

关于竖排与横排，有这样的传说，古代有三位人物创造了文字。最
年长的是梵，创造了印度的文字；其次是佉卢，创造了胡文；最年轻的

是仓颉，创造了汉字。梵是从左到右，佉
卢是从右到左，都是横排；只有仓颉是主
张由上而下书写的→㉙，即"昔造书者之
主凡三人：长名曰梵，其书右行；次曰佉

㉘—将北极、玉皇大帝、四辅等名
布置在中央天极近旁的中国星辰
图。北宋。

㉙—有四只眼的仓颉。他是何奉
于黄帝、天资聪颖的史官。据说他
张开四目便「见鸟兽蹄迒之迹，
知分理之可相别异也」，初造书
契。」（汉·许慎《说文解字》）

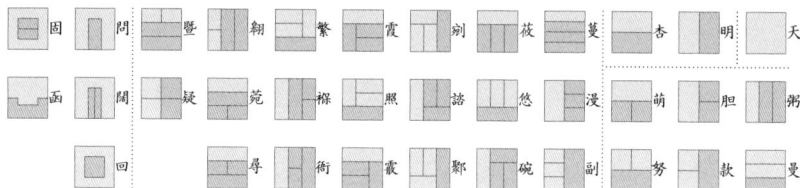

固 闷 暨 翔 繁 霞 剐 莜 蔓 杏 明 天
函 阔 疑 苋 襦 照 诺 悠 漫 萌 胆 粥
回 导 衡 霰 鄢 碗 副 努 款 曼

㉚

卢，其书左行；少者仓颉，其书下行"之说。

　　我想，原因与他们各自所居住的地域有关。梵居于天竺，佉卢在另一方，他们以所看到北斗星的移动方向来决定从左到右，从右到左；而仓颉则居住于中原（中心），看到的星星是由上而下移动的，因此汉字便成了竖排。这只是一种传说。

　　杉 我还是头一次听说。真有意思。

　　由上而下的问题，也与甲骨文有关吧。说起来为什么用龟甲来占卜，是因为老天会根据甲壳的裂纹告诉你未来如何。即，甲骨文记录的是上天的声音。文字诞生的根本就有天地意识，这样看恐怕更自然吧。

　　有人认为人的眼睑是上下开合的，所以竖排易于阅读。然而也有截然相反的说法。从眼部结构看，眼球是由六块肌肉环绕、转动的。为了左右的横向阅读，只需移动眼球左右的两块肌肉；而为了上下移动眼球却需要动用全部六块肌肉。总之，从肌肉疲劳度来说，纵向运动眼球是一件很辛苦的工作。

　　文字问题和汉字的历史是既艰深又意趣无穷的题目。今后也希望不断思考，继续学习。还请你多多指教。

㉚—汉字的构成法，有34种类型。组合偏、旁、头、脚等，以一至四的分割、包围等手法构成。

方形与圆形，古籍的造型

吕 中国的书籍与我们刚才谈到的汉字的性质有着深厚的关联。中国的书籍，从古代经过数千年的时间一步一步地变化发展到现代，在书籍的形态、装订、纸张等各个方面，都充分地反映出我们祖先的智慧。汉字犹如拥有神明般的力量引导着我们向前。

杉 书籍是从记录文字开始的，随着时代流转，文字量愈益增多。从一行增加到数十行，甚至数百行。如何将这些文字收于一册之内，就成为书籍设计的基本。

从刚才谈到的"天圆地方"的思想可以认为，将汉字的方形安顿到方形的书中是顺理成章的。

我第一次到北京是1976年。当时在王府井的新华书店前，看到了令人惊讶的一幕。书店前面聚集了很多人，我好奇地凑过去，一看，人们正在交换图书，就是把自己读完的书交到想看的其他人手上，而那些书多数不是方形的。人们竞相传阅，结果书已变成"圆"的了。因为书页又薄又软，书角被完全磨秃了。我受到了强烈的冲击。

那时我感慨颇深，"原来书读得太狠了也会变圆"，同时更重新认识了"书，本是方形"的。

然而再一想，让方形在人的意识中扎根并不简单。为什么呢？譬如想划分我和你所在的地方，最简单的方法就是用手从中心等距离地画线，这就成了圆形。表示人的存在时也在纸上画圈，表示人的标志不用方形。最简单的符号就是圆，即人的认识和人的存在极其单纯地被表现为圆。

它要变成方形，如你刚才所说，就需要东西南北的方位概念。不过从太阳的运行看，它先从东方升起，在天空的最高点为正南，然后再西落。它在天体上描画了一个立体的圆形轨

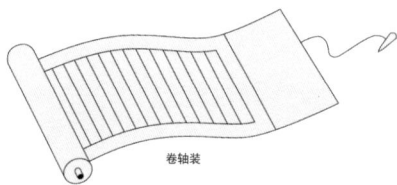
卷轴装

经折装

木简

经折装

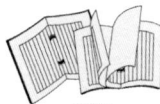
蝴蝶装

旋风装

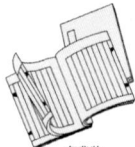
包背装

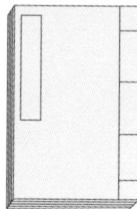
线装

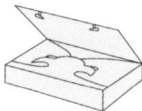
云头套

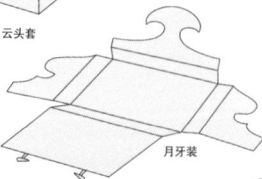
月牙装

㉛—中国古典的装帧式样。其代表例。

㉛

迹，要把它意识成方形空间还需要一点观念上的飞跃啊。所以欲抵达大地是方形的认识，需要观念来一个极大的飞跃。然而，正是这个方形的产生使汉字排版亦竖亦横，产生了圆融无碍、自由舒卷的关系。

一方面，从古代书籍的角度看→③¹，中国最古老的书是竹简或木简，在削成筷子状的竹片或木片上记录文字。用线串起来就像竹算子一样连在一起，变成方形的书，还可以收拢成卷轴装。就是说，它既是方形书又融入了圆形结构。

吕 书籍的原始雏形是，在龟甲上开孔然后用绳子系起来的"连龟板"。之后是竹简，再后来战国初期出现的是卷轴装，又称"一轴书"。但是，卷轴装必须全部展开才能阅读到最后的部分，非常不方便。

在5世纪南北朝、隋唐时期，佛学盛行，高僧将贝多罗(Pattra)本——贝叶经本从印度传到中国，是在植物的叶子上书写文字。但是对于中国人来说，这种形式对于由上而下的文字书写方式来说极不方便。此后，创造了中国独自的经折装。

人们对于圆的认识很容易，但是对于方的认识却经历了颇为漫长的过程。如果将圆置于正中，圆周内放入同样大小的圆就变成书写"三"

③²—圆的周围再排列圆，就会出现六角形、正三角形、再一个六角形。而方形，则是在始终保持方形的状态下增殖。

那样→㉜。圆的三次元，是在一个圆圈里可以生出三个圆，并能照此类推无限扩展，可继续作 12、18、24……个同样的圆。

然而，方形却不同，数量是会不一样的。称它为格子，是由于正中有一个格子的话，周围的格子数量是扩展为 16、24、32……个。因此圆的和谐性不及方形，同时方形的折叠空间也比圆形有更好的效率。于是，制作正方形那样的书，能够把事物毫无浪费地收纳其中。

而细长形、长方形的容量最大，可以带来无尽的形状变化。在这里面，文字呼吸生息、居住着。

杉 文字呼吸生息、居住着，这就是文字的家啊。总之，方形虽是方形，然而又是重合着天圆地方的一个宇宙。吕先生正在尝试利用中国文化的文字、书籍这些凝聚了天圆地方诸多要素的媒介进行设计。

你是在重新梳理丰饶的中国传统，让它作为自己的书籍设计语法再现辉煌。这种手法特别是在你设计介绍传统文物的书籍时，尤见功效。

现代化生产方式是以批量生产为前提，制作过程中尽量排除手工作业。然而，你的手法却属于逆流而动。你是怎样达到这样的想法和手法的呢？

㉝—《中国民间美术全集》全14卷（山东教育出版社／山东友谊出版社，1993）。作为国家出版项目对正在消失的民间艺术开展了全国性的调查、整理。书籍设计＝吕敬人。

让中国的传统为现代的书籍制作而用

吕 现代中国所制作的，基本上是西方样式的书籍。我接受的书籍装帧教育也是如此。形成以传统的方法创作书籍的想法，是因为有三次契机。

首先是前面也说过的，去了日本学习。在这之前，我的眼睛只盯着以西方为首的外国东西。但是，杉浦先生的事务所却与日本的现代社会不一样，充满着东方的氛围。我曾经询问，"先生您是怎样去学习的呢？"先生的回答是，"我的很多的想象都是从中国的书籍得到灵感的。"我生于中国这片土地，却对自己国家的优秀文化视而不见，感到十分惭愧。因此，回到北京以后，用心看了大量中国传统书籍和古籍装帧方面的东西。

㉝

㉞

㉞—《子夜》(中国青年出版社，1996)。中国文学界巨匠茅盾的代表作。模仿中国传统的装帧式样设计。带帙的书可以从函套中拉出，打开帙取出书，翻开书，著者的手稿(复制)伴随着他的声音扑面而来。尝试有意识地调动五感的读书行为之作。书籍设计＝吕敬人。

1993年，我设计了全14卷的《中国民间美术全集》→㉝。我在日本学习时，杉浦先生传授东西方设计的纯化与复合理念。东方设计中将众多的元素看做宇宙的微尘，重叠再现，任何一颗微尘都是具有生命的符号，经过不断组合形成传达本质而又包罗万象的设计原理，我在《中国民间美术全集》中摒弃了国内惯用的、以往受前苏联设计影响的所谓概括抽象手法，将中国传统的复合思维和多元表现在此书中，达到耳目一新的效果。

之后我做了名为《子夜》(1996年)的书→㉞，作者茅盾是现代中国的著名作家。我的构想是将茅盾的手稿用传统的装帧形式来设计，带帙的书可以从函套中拉出，这是模仿古代科举考试时运载行李的样子。我们可以看到扁担前后挂着竹藤编织而成的盛放着书卷的箱匣，行李由书童挑着的图像。在制作这本书的过程中，更深切地感到中国书籍文化具有多样化表现的可能。

杉 一般的书是书脊朝外放在书架上，而这本书却要横卧，在地脚切口处饰以金属件。这是遵循了中国传统的将几册书横着叠放的书籍形式吗？传统的书籍是卧式摆放，并在切口侧标示各自的书名。

吕 正是这样。不把书名写在书脊而是写在书根上，古代书籍的装订方式和纸张材料的特质，书是无法竖起来放的，故朝着读者的一面就是书根部分。

杉 "书根"，根的说法有意思。既看得见根，又能拉出来的形状……

吕 七八十年代，乃至90年代初，由于经济上的限制，只能使用普通机械制造的纸张。我正在思考希望能运用表现与西方纸张性格完全不同的东方纸文化时，遇到了第二个机会——为中国文物局局长的著作《陟高集》做设计。当时，局长给我介绍了一个"清代宫廷包装展"，我知道后非常兴奋，马上跑去展览会。展品包括了书籍装帧。这个超乎寻常的、充满古人丰富想象力和精湛工艺水平的展览，使我对古代优秀的传统书籍艺术、装帧艺术有了新的认识。自此，我一直希望能把传统的中国书籍文化传达给今天的读者。

看了这个展览后，我对宋体字和活版印刷更增添了兴趣。宋体是中国书籍文字传达的基本字体。以此，我设计了《朱熹榜书千字文》(1998年)→㉟。朱熹是南宋的理学家，被尊称为朱子。他所写的千字文在安徽省留存有拓本。

㉟——《朱熹榜书千字文》（中国青年出版社，1998）。将三分册的大型版本统一装在由两块木板组成的夹板装。用激光雕刻成反向的1000个文字在作为封面和封底的上下木板上。刻一套据说当时需要八个小时。书籍设计＝吕敬人。

杉 采用了木板的这个封面，看上去就像木版印刷的版木，是用激光雕刻的吗？

吕 是的。我把一千个字反刻在封面和封底上，是对中国古代木版印刷的演绎，此书发行 1998 册，封面连封底一共有 3996 枚，近四百万个字，若用手工刻大概十年也刻不完，所以只好用激光雕刻。

杉 这种夹板是传统形式吗？

吕 是的。这叫做夹板装，从梵夹装演变过来的，但在传统形态基础上也有所创新。我想，中国的文字印刷、书籍特征是否可以用这样的形式来表现呢？这本书出版以后反响很大。

然后，第三次冲击是浏览了中国国家图书馆的地下书库中珍藏的古籍善本。在那里真正令我眼界大开。与此相比，今天书店里陈列的书籍实在单调得可怜。

杉 你得以真正地触摸了中国的传统啊。我曾在 1976 年参观过这个特别书库。不愧是书

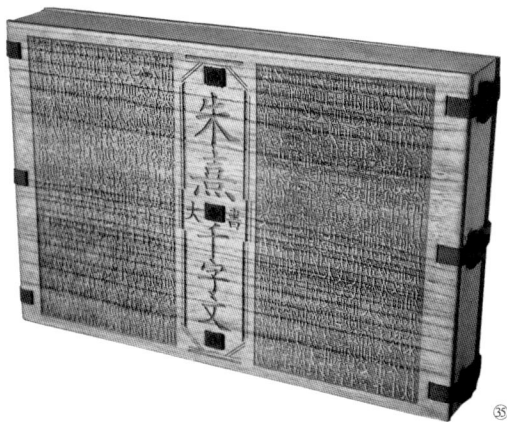

㉟

的宝藏。

吕 这时，我应国家图书馆馆长之邀，负责设计《赵氏孤儿》一书→㊱。这是被西方人称为东方"哈姆雷特"的元代戏剧脚本，大约18世纪时法国人把它带回西方并搬上舞台。我被委托制作复制本，作为中国总理访问法国时的国礼。在此之前中国的国礼基本上是景泰蓝之类的工艺品，而此次书籍则担负文化交流的角色。这本书从设计到印刷只用了几个星期，时间太仓促，做得不是很理想……封面一侧是法文版，一侧是中文版。因为有竖排、横排之分，两侧都是开始，故没有封面、封底之别。

杉 这是汉字与字母，中国传统的木板与欧洲的皮革"合二为一"的装帧。将它送给法国总统，对方一定惊喜不已吧。

吕 听说非常高兴。中国优秀的传统书籍也可以成为中外文化交流的大使。由此，以中国文化部、财政部为核心组成工作班子，将国家图书馆的珍藏精品进行复制的"中华善

㊱—《赵氏孤儿》（北京图书馆出版社，2000）。欧文与汉文，将两种文字集于一册。左开的汉文封面（上）为如意云头形，右开的欧文封面（下）为柔和的半圆形，特点鲜明。中国传统的板子与西方传统的皮革组合，数字与字母相遇，是「二即一」的设计尝试。书籍设计＝吕敬人。

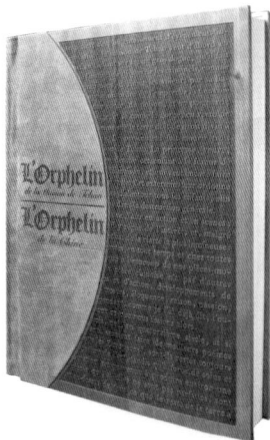

本再造工程"，我担任了最初的书籍设计工作。

参与"中华善本再造工程"

吕 进行这项工作期间，我有机会踏足国家图书馆。每次我都能从传统的书籍中获得能量和营养，产生巨大的创作欲望。与此同时，更感到自身的知识不足而努力地学习。我也因此了解到，过去的人们是在制作书籍的过程中不断地在书籍形态和设计观念上一步一脚印地逐渐进步不断完善的。

杉 请再说明一下。

吕 因为古人是动感地创作着书籍。书籍的装帧、装订方法、文字编排等，随着时代而不断变化，决不会停留在一处。老子有句话："反者道之动"，静是相对的，动是永远无止境的，任何事物都在动中产生变化，前进。

我想，传统是从古代流传下来的具有生命力的宝藏。为了我们的下一代，一定要珍重传统。因此，汲取过去传统的养分，结合当代的审美观和运用现代的技术，创作出让年轻人接受，使更多读者喜爱的书籍。这个"善

⑰——「中华善本再造工程」（北京图书馆出版社，2001）。书籍设计＝吕敬人。

212页——《辩亡论》、《尚书》。不是简单的原本复制，还采用了传统卷轴装的装帧形式，是从根基上重新思考书籍结构的作品。

213页上《酒经·茶经》。作为古典闻名的两书复刻本。收入一个木制函套中，一面为《酒经》封面，另一面为《茶经》的封面。装饰着著名陶艺家周桂珍与青磁艺术家高振宇烧制的茶器和酒器浮雕。

213页下——《沈氏砚林》。象征中国古代文人品位的文房四宝的介绍。模仿木制砚盒的函套封面镶嵌着黑檀制古砚（仿制品）。

2
1
1

㊳

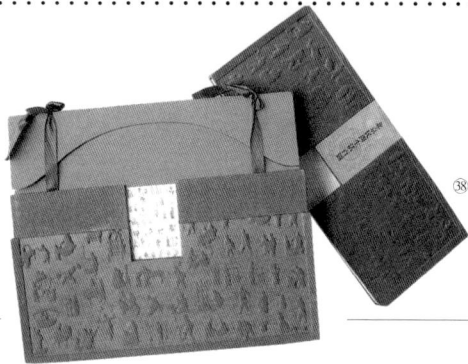

本再造工程"除了限量的豪华

版以外，有的也制作了低定价的、能在书店买得到的平装本。虽

然有些书规定不能多印，但是这个"工程"深受中国出版界和读者的欢迎，

还以这些书为题召开了专题讨论会。

对于中国传统书籍的再造，有些专家也有不同看法，不多久原来善本

再造的设计概念被终止了。一时，不管是哪个朝代的古籍，一律做成蓝色

封皮的线装本，中国传统书籍装帧衍进的痕迹也弱化了。但是我前期设计

的十五余种书籍已经出版了，很多出版社看到后很喜欢，纷纷都来委托我

运用传统的概念来创作全新的书籍形态，我为这些出版社又做了不少种书。

杉 你经手制作的这些书，每本背后都有一长串故事啊。

吕 因为这些书，使年轻人对古老传统的书籍艺术开始关注。最显著

的是设计学院的学生们，他

们都惊讶于中国书籍艺术的

美妙之处，开始研究传统书

籍的人也多起来了。为此我

㊴

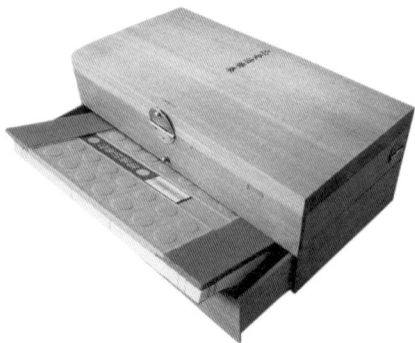

㊳——《北京民间生活百图》（北京图书馆出版社，2001）。清代民间艺术家彩墨画「北京百行百图」的复制，整个布面的函套浮现出百行百人的形象。书籍设计＝吕敬人。

㊴——《忘忧清乐集》（北京图书馆出版社，2001）。明代围棋的棋谱复制版，打开盛书的函套，出现的是棋盘和棋盒。为边读名棋谱边当场下棋的构思。书籍设计＝吕敬人。

感到欣慰，并为自己
能从事中国的书籍设
计工作而感到幸福。

杉 为下一代播下想象
力的种子。这一粒种子在你的
努力下萌生了。

看最近中国的书籍设计，感觉出现了
一系列题材和设计有趣的书籍，摆在书店里的
图书总体展示着在书籍设计语法上兼收并蓄、生机勃勃的姿态。这种活
力预示着春天的到来，一粒种子发芽，并含苞欲放，我感到下一代接上
了班。将汉字这一文字体系一脉相承，发明了纸张，创造出轻柔线装本
的中国书籍文化，正在迎来又一个春天。对于今后中国书籍文化的发展，
包括汉字的未来，我愿意给予大力支持。吕先生和年轻一代人的努力，
为书籍文化的未来带来了希望。

今天我们谈了很多话题，非常感谢。

——2003 年 8 月 25 日 于北京

⑩——《香港设计师协会设计 2000
展》（香港设计师协会: 2000）。香
港设计师协会双年展图录。在硬
封面上又贴了九种质地不同的黑
纸，每张都有不同的文字镂刻。
另外，在各章的插座页上用黑线
缝缀衬纸，许多线头都从书中露
到外面。这种自由的构思和大胆
的语法让人惊叹。书籍设计＝廖
洁连。

吕敬人

Lu Jingren

中国传统文化的匠心在现代书籍设计上再创辉煌

对中国古代典籍的装帧制作技术注入崭新语法的书籍设计……①《世界珍稀百万钞》(2001)／②《范曾诗集》(1996)／③《怀珠雅集》(2003)／④《北京民间生活百图》(2001)／⑤《中国书法家协会会员名鉴》(2003)／⑥《朱熹榜书千字文》(1998)／⑦《意大利内普里迪小提琴奏鸣曲》(2001)／⑧《赵氏孤儿》(2000)／⑨《证严法师佛典系列》(2001)／⑩《子夜》(1996)／⑪《西域考古图记》(1999)／⑫《周作人俞平伯往来书札影真》(1999)／⑬《食物本草》(2001)／⑭《跋乾隆申戌脂砚斋重评石头记》(2002)／⑮《敦煌石窟全集》(1999)／⑯《墨香红楼》(2003)／⑰《少林寺全集》(2003)／⑱《长江三峡百景图》(2003)／⑲《废墟与辉煌》(1999)／⑳《人间词话》(2001)／㉑《当代书家艺术丛书》(2001)

书籍设计＝吕敬人。

黄永松

Huang Yung-Sung

以细腻的感性、大胆的构成表现民间艺术的血脉与气质

绚丽多彩的《汉声》集体亮相……

①《美哉汉字》(87、88期)／②《郑成功和荷兰人在台湾的最后一战及换文缔和》(45期)／③《黄河十四走》(133—135期)／④《惠山泥人》(53、54期)／⑤《梅氏日记》(132期)／⑥《剪花娘子库淑兰》(99、100期)／⑦《虎文化两千虎图》(110、111期)／⑧《烟画三百六十行》(128期)／⑨《民间剪纸精品》(112期)／⑩《陕北剪纸》(81—83期)／⑪《大过蛇年》(121期)／⑫《福建土楼》(65、66期)／⑬《曹雪芹扎燕风筝图谱考工志》(116、117期)／⑭《汉声100》(101、102期)／⑮《绵绵瓜瓞》(57、58期)／⑯《老月份牌广告画》(61、62期)。

艺术总监・设计＝黄永松。

编织民间文化的活力

黄永松×杉浦康平

身材颀长、目光炯炯的黄永松先生是一位浑身凝聚着感性的艺术家。26岁那年,他与好友吴美云(Linda Wu)女士携手创刊杂志《汉声》(初创时为英文杂志ECHO)。他们以坚韧的编辑力和充满创意的书籍装帧设计,将杂志办成了一份举世无双的刊物。挖掘的主题是蕴涵在中国民众中的民间文化。经过孜孜不倦的实地调查,抓住那些被欧化的现代人所忽略的传统文化的核心,运用独辟蹊径的图像语法娓娓道来。《汉声》的尝试跨越了中国文化的界限,给整个亚洲的有心人带来强烈的冲击。——杉浦

鱼嘴里绽放出大轮莲花。鱼为阳，莲为阴，阴阳交合构成吉祥图案。剪纸粗犷有力，陕西省志丹县的民间创作。表现多产繁盛的鱼和意味丰饶延续，「贵子连生」的莲花。用它象征「好戏连台」的《汉声》的活力，恰到好处。

把传统文化(头)和现代文化(脚)联结起来

杉 今天承蒙黄先生陪同，在台北历史博物馆参观了由你策划和设计的"惠山泥人"展，非常感谢。接触到惠山泥人栩栩如生的表情，又加上黄先生详尽的讲解说明，实在很有意思。

接着又来到了这个《汉声》编辑部。虽然说是编辑部，但是看到装饰着的《三国志》三杰雕塑和花朵绽放的生命树特大剪纸，还有悬挂着的几张巨幅佛教美术喷绘和到处张贴的春联，仿佛走进了"中国文化的迷宫"，这不可思议的空间，使我沉浸在万分感慨之中。

黄 这次杉浦先生来到台北，我们又见面了，虽然见面次数不多，我们是很熟知的老朋友了。由于从先生那里得到了诸多启发，使我能够一直兴致勃勃地从事《汉声》这项弘扬民族文化的事业，心中非常感谢。

杉 我们最初相识好像是在1973年或1974年，是通过我们共同的朋友李贤文先生(画家、美术评论家，台湾雄狮美术发行人→第026页)的介绍认识的。那时你送了我《汉声》杂志，当时的《汉声》一直是以台湾的中国文化为主题。看到在台湾也有从全新的视角来重新认识自己的传统文化

的动向，我感到非常高兴，深受感动。→①②

黄 1970年夏天，我和吴美云见面。她刚从美国回台湾，是一个满怀理想的年轻女性，想以中国人的视角办一份英文报纸或杂志，让西方世界更了解中国文化，并给在外国的中国人看。

那天，我满头大汗地赶到见面地点，迟到了一个多小时，幸好她耐心等待。正因为有了两个年轻人的见面，才有了创办《汉声》杂志的开始。那时她25岁，我26岁。

她担任总编辑，负责撰稿和业务经营，我负责美术编辑和资料搜集，从此开始了我们漫长的"汉声"工作生涯。我和吴美云一起开始《汉声》的工作时，暗下决心要把杂志办好，但没有可仰仗的老师，只能以那些传承民俗文化的老人为师，向前摸索，边做

①——黄永松站在自己编辑和设计的 ECHO 和《汉声》旁边。130余册的杂志摞起来，已经超过了他的身高。
②——《汉声》的前身，英文杂志 ECHO 的封面设计。

③

边学。自从认识杉浦先生和拜读先生的著作后，我们是何等的兴奋。亦师亦友，能够得到杉浦先生的评价，我们十分高兴。

杉 谢谢。我们彼此工作的重心都是围绕自己国家的传统文化，进而将视野扩展到整个亚洲传统文化的深度与美感，尽可能以共通的视角来思考、继承并发展其意义的。

最初看到的《汉声》比较稚嫩，对于传统的视野和采取的方法还有一些"青年期"的感觉。但看到最近的《汉声》，感觉已然是"壮年期"了，洋溢着成熟的力量，注视中国文化的目光也变得炯然而锐利，能够明确地阐述应该如何做，并且付诸实现。

几年前，当《汉声》开始在日本发行时，我高兴地为它写了推荐文。

这次的"惠山泥人"展，也是对与中国民众共存的独特的传统文化进行了详尽考察之后，加入了黄先生创新的视点，展开了极富魅力的展示。在这充满创造性的展现力中，也可以感受到《汉声》的成熟。

黄 作为《汉声》的选题、记录保存的对象有四个标准，第一，它必

寄语 《汉声》在日本发行

汉声是"血气"方刚的丛书。

汉声的"血脉"不言而喻是中国的传统文化。而且还是下里巴人，不是阳春白雪。即民众的祝祭与支撑它的美的感受力。

● 汉声的"气"，即吸收文化血脉源源不断地化作汉声的"血液"。逾六千年生生不息的民众的睿智。

● 汉声的"气"，即吸收文化血脉的眼力之敏捷犀利、主题的巧妙铺陈。被现代淡漠了的生机盎然的现技术。他们能为我所用。大胆的版面设计、出人意表的装帧，无不透着汉声朝气蓬勃的"气质"。

● "血气"方刚。汉声的激情活力让沉睡在我们胎内的亚洲文化血脉躁动、惊醒……

——杉浦康平

2
2
4

须是传统的；第二，它必须是中国的，或者扩大到东亚范围；第三，它必须是基层民间的，而非贵族或上层精英的；第四，它必须是活生生的。"惠山泥人"的选题符合这四个条件，因此我们在1994年开始进行考察和记录。

《汉声》的理论指导俞大纲教授曾经说过："传统是人的头颅，而现代是人的双脚，现代社会的现状是头脚分离，脚拼命向前跑，头颅却丢在后面。你们现在的工作就是要做肚腹，把头和脚联结起来。"

杉 如果把头比做阳，脚比做阴的话，阳与阴相结合，从而成为一个充满活力的整体。也就是说，《汉声》的工作是为了成就这样的身体吧。

黄 是的，汉声的肚腹工作就是为了"成就"一个完善的"身体"，有完善的"身体"才是完善的文化。今天现代文化以鲁莽的步伐快速发展，使得传统文化濒临失传，已经到了要"抢救"的地步，要结合它们，使之平衡发展，多难呀！汉声喜爱传统文化，也关心现代文化，传统文化是现代文化合理健康发展的基础，基础做好了，现代文化才能好好发展。于是我们有了责任，汉声的使命就这样形成。

③——创刊当时聚首编辑部的四员干将，「汉声四君子」。正面右起吴美云、黄永松、奚淞、姚孟嘉。
④——《汉声》编辑部的一个房间。中国文物挂得琳琅满目，烘托出浓厚的气氛。

⑤—87.88期《美哉汉字》的封面和函套设计。特辑满载了这个与声（音）、意（义）相关，拥有独特风貌的汉字。特辑满载了这个与声（音）、意（义）相关，在象形性与抽象化的夹缝中不断变形的符号体系，充满多姿多彩的表情和出人意表的趣味。

民间文化基因库的构成

黄 为了"抢救"即将消逝的民间文化，汉声的编辑设计了"传统民间文化基因库"，分门别类，以五种、十一类、四十七项、几百个目，展开选题覆盖。

杉 这就是《汉声》的取材范围一览表吧(见附表)。制作得非常精细严谨，以独特的观察法为基础，形成了一个如何把握传统文化的具体细目。依照这样的手法，使工作人员的考察更加彻底。

黄 在实地考察时，我们有两件事情很重要。一个是"小题大做"，即使是很小的东西，也要探究其深层含义。另一个是"细处求全"，认真调查细节问题，以求完美。我们仔细考证每一件事情，努力将传统文化的本体、功用、制造技术和背景渊源完完整整地记录下来。

杉 仔细考证细节，追求尽善尽美。这正符合"神灵存在于细节中"的精神。环绕我们的万象万物，都是有生命的。对于微细的事物也给予关注，汲取它生命的光辉……

⑤

同时，这种即使是小题目也要从深层去思考的方法，与亚洲的，比如印度人的"一粒微小的种子里也可看到大宇宙"以及"宇宙蕴涵于万物之中"的思想，或与中国特有的工笔画、细工雕刻的技法和思想息息相通。我认为黄先生的这种思维方法，是在汲取了西欧秩序井然的分析法的基础上，具亚洲特色的、优秀的命题法。

黄 在欧洲，新的科学时代思维方法从培根提出《新工具》开始，定量的分析使研究精准。在中国，一些曾经出现过灿烂古文明，而后由于交通不便以

【《汉声》取材范围一览表】

种	类	项
民间文化	民间文化	文化保存、文化活动
	生活习惯	岁时节庆、日常生活、生命礼俗
	生活保健	医药保健、武术体育、营养健康
	社会制度	家族亲属、民间组织、民间教育
	传统科学技术	应用科学技术
民间生活	史地风物	历史、地理风土、史迹文物、考古遗址
	自然生态	山林河海、动物、植物、生态保育、地质
	经济活动	农业、林业、狩猎、商业、工业
民间信仰	宗教信仰	佛教、通俗信仰、术数、迷信禁忌、其他信仰
民间文学	民间文学	方言文学、说唱文学、通俗文学、故事传说、游艺、诗歌俗语
民间艺术	民间艺术	艺术总论、戏曲、建筑、工艺、游戏竞技、摄影、绘画、舞蹈、音乐、休闲旅游

牛郎织女

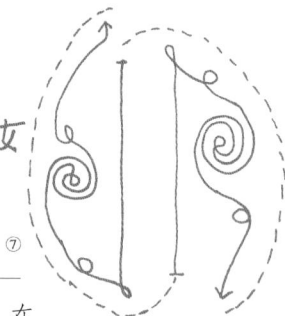

⑦

致形成文化封闭的地区,如黄河中、上游地区,在民俗、民艺中仍保存了极古老的历史文化遗存。在这些遗存中仍处处透露出中国先秦时代形成的思维特点,即"道"的内涵。

多年来,汉声的编辑们无数次出入中国古老的地区,和当地纯朴的老乡相处,聆听他们传达历史的记忆,观看活生生的古老生活。参与它、体会它、详细地记录它,不要干扰它!

从宽阔的天地间,产生一个又一个的主题,进行一次又一次的工作,向无数的人、事、物、环境、历史学习,汉声的编辑终于悟到——"带走笔记和照片,留下脚印"的互相尊敬、互相爱惜的道理。不能掠夺式地花钱购买,即使是他们丢下不用的器物,也不能带走,更不能留下城市的恶习,污染这些原生态的文化场所和居民,这是我和编辑们相互遵守的约定。

在采访中"悟"道,在编辑中"得"道,进而在出版中"传"道,让我们乐此不疲。我

⑥

⑥——在陕西省黄河流域,每年一到正月,村民们便以音乐歌声驱逐冬天的邪气,跳起迎接阳春之舞。

⑦——表示舞蹈动作的舞谱。「阳歌阳图」三幅。村民们踩踏大地的动作造型,描绘出请神的「阳图」。由黄永松采谱。

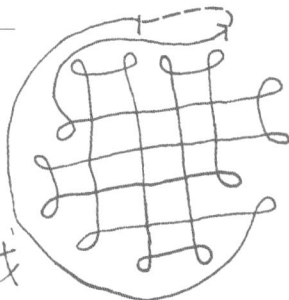

遇肠大战

竿头
文身子
武身子
男丑
女丑

们常被朋友们笑称"傻瓜"，于是这群"傻瓜"就用严谨的方法，分成很多组，希望尽快地、大量地去记录、报道那些古老历史文化遗存。

杉 现代的时间流动越来越快，大量的传统文化因为跟不上潮流而逐渐消失。你是如何优先选择"必须尽快记录的主题"的呢？听说为"惠山泥人"的取材和编辑工作竟然花了七年时间。

黄 传统文化的消逝真的是非常迅速，这是令人担心的事情。比如"惠山泥人"，它是中国的、传统的、民间的文化，活生生的传承优秀手艺的老艺人还在，合乎我们的四个条件。民间艺术在文化基因库的选题表上，是"民间文化种"、"民间艺术类"，又是"文化保存"和"工艺"的"项"，直属"泥塑目"。我们把"惠山泥人"作为重要的项目开始考察，花费七年时间和老艺人配合重现并且记录它。

这是1994年第一次考察"惠山泥人"时做的笔记。这一页是制作泥人手部的手法，我都一一拍照保存了下来，可以看到捏塑的手法，流利熟练，和作品同样美不胜收。

杉 我看到你们从一开始就在做详细的记录。

⑱

在最新一期的《汉声》——《惠山泥人》中可以看到，采用了如同摄像机拍摄的方法来展现泥人的捏制、上彩过程→⑱。动感很强又很感动人，因为它同时吸取了书籍与影像两种媒体的表现。

继而，又通过在展览会这一空间的展示，将问题置于一个超越了"书"媒体的时间与空间中→⑳。在一个可以互动的空间引起人们对传统文化的思考，这个姿态在本次展览会上显而易见，这一点尤其意味深长。

从现在看到的这个取材笔记看，显然在这个阶段你的头脑中就已经清醒地把握了两点：即，要完整地记录它需要有时间过程；而且有必要先确定一个框架，以便在其中明确地说明这个过程。

黄 民间艺术的任何内容都可称做是我们的老师。我们边取材边学习，感觉就如同我们从民间艺术这个大学中，攻读了"惠山泥人"这门课，《汉声》的书籍和展览，就好比是我们的学习报告。

把流电击空的能量记录下来

杉 开始泥人的取材时，究竟有多少个计划在同时进行着呢？泥人以外的选题也同时进行吧。

黄 《汉声》虽然是民间文化的杂志，但不属于专门的艺术类杂志，会接触到各种各样的主题。比如，与《惠山泥人》三册(133—135号)同时间进行的计划有，郑成功时代的《梅氏日记》(132号)、《贵州蜡染》(130号)、关于丁未年中国羊文化的《大过羊年》(129号)和《烟画三百六十行》(128号)，以及《关麓村乡土建筑》二册(126—127号)。这些都是大约在同时间进行的工作。

杉 都是听起来很有意思的题目。每个题目都成立一个工作小组，分别进行取材考察？

黄 是的。比如"村落的建筑"的工作组，是北京清华大学陈志华教授主持的传统建筑研究所，已经工作十二年了，在全中国完成了十二个古老村落的调查研究；还有福建省建筑设计院黄汉民先

⑨

⑧⑨—选自《汉声》的封面设计。根据特辑的内容而大胆变化。

- 鸡（男=阳）
- 髻（女=阴）
- 云勾子（男=阳）
- 穴钱（女=阴）
- 佛手之宝（女=阴）
- 睾丸（男=阳）
- 莲华（女=阴）

阴阳合体髻童子／甘肃省

- 莲华（女=阴）
- 花蕾（女=阴）
- 穴钱（女=阴）
- 笙（生命记号）

⑩ 女性形髻童子／山西省

生分八区进行福建民居的调查……《惠山泥人》属于"民间美术"项目，则是在南京的东南大学艺术学系成立了民间艺术研究所，让老师和研究生组成共同作业的工作组，由我们来提供取材、研究的资金援助，合作也有十多年了。

杉 台湾方面提出的设想，由大陆的学者、专家和青年学生协助来完成。外部人员与内部人员、协助人员由黄先生来统筹，并进行最终的设计与编辑方法指导。这是个别开生面的做法。

另外还有你们发掘的，或为某位学者所做的深入研究，或是出自个人手艺的造型作品的成果……也尝试作为专辑向人们做介绍。

例如《绵绵瓜瓞》(57、58期)→⑩⑪⑫，

⑩—黄土高原的人们至今仍信仰"抓髻娃娃"。缘起人类始祖伏羲；女娲神话，被视为基于生殖崇拜的繁殖与保护之神。民间剪纸也剪出各种花样，身体中配以多处象征性别的记号。这是两幅图解。许多神像都表示阴阳合体的两性兼备的神。引自57期《绵绵瓜瓞》。

对靳之林先生关于"抓髻娃娃"由民间信仰产生的独特的地母神的惊人研究做了介绍。还有收集了中国北方的一位女性制作的繁花似锦的树——"生命树"的剪纸，以《剪花娘子 库淑兰》(99、100期)为题的特辑→㉙㉚㉜。这些都是你们发掘出来的长期埋没在中国民间艺术中的东西，以丰富多彩的编辑手法进行了综合性介绍。

黄 《汉声》杂志57、58期是以靳之林教授的著作《抓髻娃娃》为基础的。当时由主编戴晴女士，带着吴美云和我去拜访靳先生，他提出这部书稿愿意让汉声出版。靳之林先生以"原始阴阳哲学"作为解读民间艺术和认识民族文化特性的钥匙，真是精彩。

汉声的美术编辑用大量的"活文物"——民间艺术品，对照从地下出土的考古文物，文字编辑则提炼浅出的特写文字，让深奥的历史、神话和传说

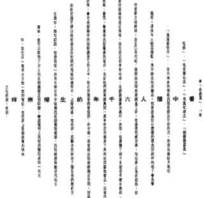

⑪

233

⑪—虚空充斥的混沌生成旋涡。激烈的旋转最终分为阴阳，产生了太极。表示其过程的制图以及文字编排设计的尝试。引自《绵绵瓜瓞》。

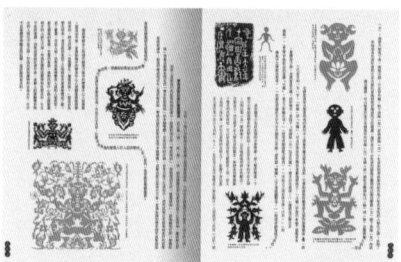

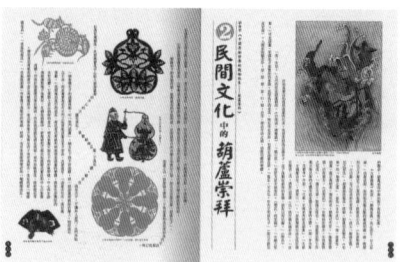

可以印证，协助读者阅读。配合着靳先生的论述，我们边做边学，试着弄清楚远古图腾民族的生存状态，由民间艺术图像解读古老又神秘的符号以及探索民族文化深层的本源哲学，我们都上了一课。

《汉声》99、100期《剪花娘子 库淑兰》，记载的就是库淑兰的艺术生命→㉙㉚㉜。说起她的创作，其大胆、神秘、缤纷与华美，让你不能想象那是出自一生困苦的七十多岁老妇人之手。传统民间美术的生命力，在她手中获得最大释放。好像威力无比的大霹雳，好多的五彩纸片飞舞成日月、星辰、繁花、绿树、飞禽、走兽、神明、人物……尽情表现，看得人目不暇给。

《汉声》81、82、83期《黄土高原母亲的艺术》是代代相传的，集无数妇女巧手创造才形成的陕北剪纸。最令学者们和关心艺术人士惊奇的是，这些老大娘的剪纸有许多远古纹样，具备"活化石"般的历史文化研究价值；另一方面，其中蕴积了许多美术造型要素，如简化、平面装

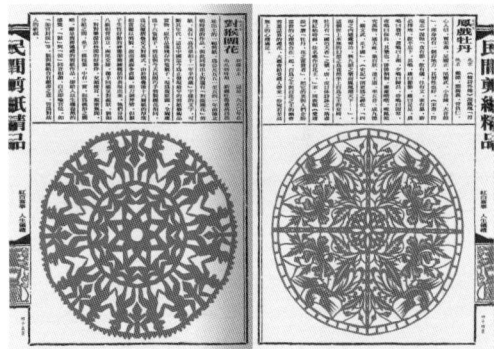

⑬

⑫—《绵绵瓜瓞》，正文版面设计。
⑬—112期《民间剪纸精品》，正文版面设计。

饰化、线条的夸张与奔放、多重时空的同时呈现等。

在家屋的窗前、墙角、灶头上贴上剪纸，把贫瘠的乡野农舍布置得触目生春、美不胜收。这一代硕果仅存的剪花娘子，老的老了，走的走了，传统民间美术走向"失传"的时候，能把老大娘的作品做成一书收集和记录，是刻不容缓的工作。

剪纸是以朴素的剪刀用红纸剪出的。完全不用起草稿，是手起剪落一口气地剪出来的呢。这些非专业的、最普通的女性，剪出了巧夺天工的造型，这是自然天成的民间之美、传承之美。

在《汉声》的特辑里，剪纸中介绍的神话图像，尤其是作为原始创生神的"抓髻娃娃"的各种形态震荡人心目。我在大胆的抓髻娃娃的剪纸图形中，感到在岁月封存中锤炼的地母神像耀出一道灵光。也许这是

⑭—蛙形的「神蛙护娃」。中国西北地区的民俗文化认为蛙是万能的灵物，传承一种给新婚的女性赠有蛙的刺绣和手巾的习俗。年轻女性的称呼「娃」与「蛙」相通，而且与人类的女始祖女娲「娲」发音相同。据说这个蛙的娃娃神能避邪、授子、护家、带来吉祥。引自112期《民间剪纸精品》。

村中的老妪哼着传承的曲调，致使剪刀下幻出奇诡？

我想起一位印度朋友柯蒂跟我说过，他到农村对孩子们的绘画进行调查时，发现没有(无法)上学的小孩们画出原始跃动、自然天真的线描画。而在学校学绘画的孩子们却忘记了天真，只能画出呆板贫乏的画……

看到没有受现代生活尘染的原始事物、传承的力量跃动于《汉声》的剪纸特辑中，我感到一股热流涌上心头。

多彩的主题，崭新的编辑、设计

黄 1995年在中国南方考察福建省东部的村落建筑时，发现每个家庭厅堂东侧最好的房间都是新婚夫妇使用。在中国的其他村落，大多是重视年迈的长辈，而福建省东部沿海地区楼下村的人们，却是更加重视孩子和新婚夫妇。像这样的房间分配方法，探究其功能和意义也是非常重要的事情。

杉 也就是说，找出了隐藏在房间分配背后的文化上的、民俗学上的意义。

黄 没错。房屋刚建成时，主人住在最好的房间里。长子结婚，父母便马上腾出这个房间给他们住，搬进第二位的房间。随后，次子结婚，这个房间便由次子使用。父母再次腾出住房，顺延到下一间。也就是说，子孙繁荣是这个村落最重要的事情。这个家庭的主人，最后住进了后面又脏又小的房间里。

杉 《汉声》方面主动寻找，大陆方面也主

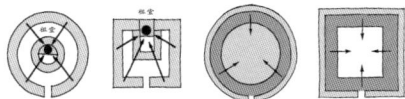

⑮—65、66期《福建土楼》，正文版面设计。在福建省还很多见。对奇异的环状集合住宅的调查与视觉化。

⑯—环状住宅有强烈的精神中心性。图解引自《福建土楼》。

⑰—1661年，从台湾驱逐了荷军的民族英雄郑成功与荷兰军签订的降约中。首次面世的16条降约的降文件。在日本，近松门左卫门以郑成功为主题创作的净琉璃（日本一种以三弦伴奏的说唱曲艺）《国姓爷合战》家喻户晓。——译注

动带来自己的研究成果，这是一个很理想的状态。

黄 在大陆以外，有汉学和中国历史资料的地方，汉声也进行考察。在荷兰研究荷兰统治下的台湾历史的学者江树生先生，得到他的协助，《汉声》在荷兰有了工作小组。我们首先考察郑成功时代台湾的历史，郑成功与荷兰军队对战时，荷兰军战败，签写了投降书。我们想登载原件文书，请荷兰国家档案馆(Algemeen Rijksarchief , Den Haag [ARA])提供资料。因为传真发来的文书不是很清楚，于是我从台北赶到荷兰海牙，进馆一页一页拍照，发现流传于外的18条降约后面，还有一份16条降约，从来没有问世，是郑成功与荷兰军签署了两种投降书，比对之下，内容精彩。这次新取材，是历史学资料的大发现，震惊学术界。

杉 也就是说，这是独自取材得到的重要成果，真是一个意义深远的事件。

在编辑《惠山泥人》的过程当中，同时有郑成功、夹缬的特辑，羊文化、烟画的工作；还有村落研究，黄先生为了切实地捕捉每一个主题，在编辑与设计手法上都有变化。如此众多的团队和主题同时进行，相互之间没有发生雷同的情况吗？

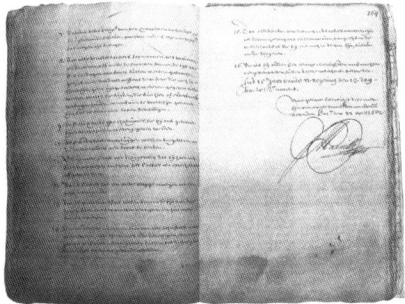

239

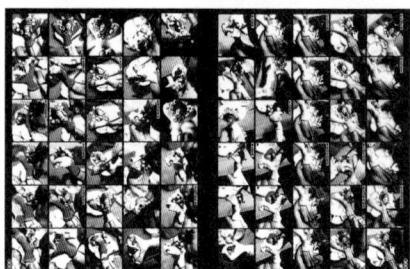

⑱—133—135期《惠山泥人》的
正文版面设计。第一分册为论述、
图录篇；第二分册是传承篇；第
三分册即工艺、留住手艺篇。像电
影一样的连续照片罗列与艺人手
指精细的动作特写，让观者对泥
人制作过程做跟踪体验，构思大
胆。
⑲—「惠山泥人」，昆曲《义妖
记·断桥》的一个场面。

黄 各个团队都有不同的主题，有不同的内容，通过编辑们深入了解进行编辑。也就是说，找出自己主题的精神，所以他们的设计手法，从表达、表现甚至表演，都会不相同的。

是什么树就该开什么花，从内容到外形有自己的生命长出来。

杉 《汉声》迄今已经出版了一百三十多册，每一册都有特征鲜明的编辑和设计。比如刚才谈到的靳先生的"抓髻娃娃"。把靳先生亲自编辑并出版的单行本，与《汉声》上下两册的杂志放在一起来看，虽是相同的题目，其编辑、设计方针却明显不同，十分有趣。

《汉声》方面是围绕民间传说中的地母神信仰(生殖崇拜)，分别以图录篇、图说篇及加上论述篇立体地进行说明。在图录篇中，不仅网罗了与"抓髻娃娃"相关的各种造型的剪纸，还要让读者对用于祭祀的相关面塑造型一览无余。关于其象征性的读解，在图说篇有凝练生动的概述，在论述篇又使其得到深化升华……

看了这次《惠山泥人》的三本书后，感到黄先生以往开创的丰富的编辑设计手法在这里融会贯通，并得到张扬。

黄 感谢您的鼓励。主要是"惠山泥人"工艺

⑳

⑳——「惠山泥人」的展览会场。
「惠山泥人」的历史性名
品佳作、制作过程的再现，加上黄
永松的摄影，形成冲击力强烈的
展示。2003年11—12月，于台北
历史博物馆。
㉑——ECHO与《汉声》各期「鳞
次栉比」
第244—245页。
无数件
㉒——《汉声》的正文版面设计。

的精湛表现，促成了编辑设计手法的发挥，我也要向"泥人"说声谢谢。

　　这次的"惠山泥人"展和书籍出版并行的事，从动态和静态见证着文化保存和工艺记录的重要性。

　　杉　确实如此。在展览会上，把近拍的很小的泥人拿来放大展示→⑳，泥人的表情像活的一样得到生命力，达到了戏剧性的效果。

"俗、野、粗、简"，潜藏于民间艺术中的宇宙原理

　　杉　听了黄先生的说明我还有一个感受就是，黄先生用了七年时间与手艺人打交道、搜集素材，必然会产生与他们几乎相同的心境。带着与他们同心一体的眼光，再回归泥人的精神世界时，心头是否会浮现出如京剧稍为形式化的一面与昆曲特有的细腻情感对比之类的东西，发一些感慨，诸如建议人家使泥人的表情返璞归真等？

　　黄　的确有这样的情况。

　　"惠山泥人"有粗货和细货两种，粗货是儿童玩具，很多地区都有，各有表现。但是细货的"手捏戏文"独步全中国，这些精彩的戏剧人物，

中國的女紅文化

6 中門

唐

在手掌中完成，每个角色的动态模拟着舞台的演出→⑲。

泥塑大师喻湘涟回忆自己的师傅，都是清一色的"戏迷"，无不每场必到。白天演出时，挤在头排"热情鼓励"，晚上在家抟泥捏塑，把自己最中意的某个场面动作、亮相，捏塑出来。第二天还会把作品带到戏场，给演员自己看看，有的时候，演员也会提出一些"哪里像，哪里不像"的意见，自己重来一次定格的表演，给他们认真查看。他们和演员之间更多的是朋友、同道的关系，对戏文的形式表现才有了进一步的深层感悟。

高古意境的昆曲，发祥于距惠山东面一个小时车程的苏州昆山地区，人们爱看昆曲，甚至会唱会演。"惠山泥人"中的昆曲人物，动作内敛、气势沉雄、色彩淡雅朴素，意境高古，百看不厌。"惠山泥人"的"捏塑"和"彩绘"，有了这么深厚的基础，在民间立体彩塑的领域，就有重要的地位。

杉 《汉声》选题的四个标准之中，有民间艺术而非宫廷艺术的规定吧，我认为这是非常重要的一点。因为民间艺术的作者每一个都是很普通的、无法青史留名的人。支撑着民间艺术的人们，尽管对各自国家的本土文化做着重要的贡献，但他们自己却没意识

㉓—泥人制作过程的跟踪取材。背影是正在制作中的喻湘涟。

到其重要性。这种无名性，也正是现在传统艺术轻易就绝迹的原因之一。

　　然而，你会惊讶地发现，正是这些无名氏把关爱人的至深的、根本的道理，甚至是照彻宇宙原理的大意识，不知不觉地凝聚到他们的设计和作品中。

黄 民间艺术的专家张道一教授指出："传统民艺有四项特质——俗、野、粗、简。'俗'不是庸俗，而是能体现大众的心声；'野'并非狂野不驯，而是情感的自然抒发；'粗'不指鄙陋，而是摆脱了矫揉造作的虚饰；'简'并非简单，而是直接和简练。"四个字道出了传统民艺及艺人历久常新的精神特质。我觉得大自然宇宙原理，就在手艺人自身、他们的手和作品当中。

杉 我常常感到中国人有很深的自然认识。譬如看"木"字，一竖自然是树干，上面一横是枝，而下面的两画实际上是根→㉔。现在我们大多数的日本人，很自然地把"木"字看作是地面上树的形态，实际上"木"字的三分之二是隐藏在地下的部分。

㉔—「木」的甲骨文。在贯穿中心的一根树干上下是个八字。上面的表示树枝，下面的表示树根。根牢牢地伸展出来，支撑着木字。

2
4
7

中国古代的人们以对树木的认知构形取象，令人惊叹。可以说上面伸展的枝为阳的文化，即宫廷文化；根的部分就是阴的文化，即民众文化，也就是全然没有意识到自己伟大的民众文化。

古代中国的人们非常清楚地认识到，是盘根错节的根在支撑着露在地面上的树干，即只有阴的力量支撑才有阳。这一点在简洁的"木"字字形上也毫不含糊地体现出来。

黄 的确是这样。

澄澈五感，奉上祈愿，触摸宇宙

杉 围绕这样的对事物观察、把握的方法，我想谈一点 1982 年，即二十多年前我在东京策划、组织"亚洲的宇宙观"展览时的经验。

这是日本外务省(外交部)的外围机构——国际交流基金为迎接成立十周年，委托我帮助他们策划一个特别题材的展览，就是这个展览。我用了一年时间，在对亚洲各地实地考察的同时，着手展览的策划、图录编辑、会场构成。展览会搜集了散见于亚洲各地的宇宙形象，这些描绘自

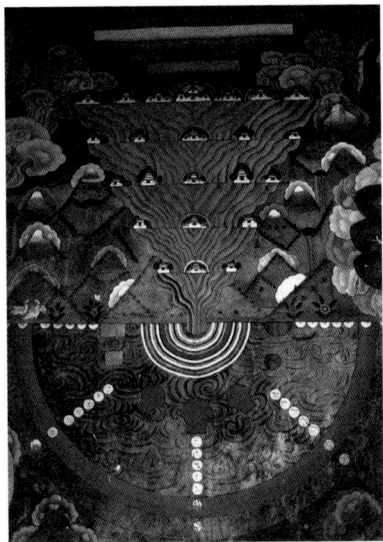

古传承下来的宇宙观的图像、绘画、雕刻以及立体造型，饶有风趣。

我之所以想到这个计划，缘起于我与造型奇妙的印度宇宙山图像的不期而遇。在亚洲，描绘宗教性宇宙形象的图像繁多，我发现这些图像的中央往往耸立着造型神异的宇宙山。印度、中国西藏、泰国、不丹、日本……各自虽有差别，但宇宙山的造型却有着惊人的相似之处。

虽是山，却不是普通的山形。一个朝天的倒三角形，下方变窄，上方不断膨胀。查阅古印度宇宙观以及佛教的宇宙观相关资料才知道，这个沙漏形向空中扩展的宇宙山——须弥山，实际上是模仿莲花盛开的姿态。

再看日本江户时代末期(19世纪中叶)绘制的须弥山图→㉖，七块大陆包围的中央山体有四层基坛，上面有形如绽放的莲花的山顶。这里"四"和"七"，以及加上中心山体的"八"的数字，实际上与修行过程相关。到达悟境艰辛的修行过程，活脱脱反映在环绕着一座山的宇宙整体结构上。

㉕——不丹的须弥山图。须弥山矗立于宇宙的中心，是连接天地的宇宙山。在印度叫「MERU」。它的姿态往往被描绘成山顶呈倒三角形展开的、无视重力的形状，波及亚洲各地。

这幅须弥山图是绘在不丹帕罗王宫的壁画上的。它有着如大爆炸、向上喷涌般的不可能存在的山容。下半部分的圆相图为俯瞰环绕须弥山的大海。

它象征着随着业的深化，悟之花——莲花绽放的意境。宇宙山的造型在表现了宇宙构造的同时，也体现了修行的过程……在一张宇宙图中，巧妙地描绘出外在流荡的宇宙与内心跃动的宇宙的叠加重合。

在展览会的策划过程中，就亚洲古代的宇宙像我曾向几位日本学者请教，但是没有一个人能为我解读这异想天开的结构。比如东京大学研究印度哲学的学者，对于图像的解读毫不关心、一脸漠然。文献要研究，而图像不在其列。因为他们认为图像的价值低于文字记录……

这个奇异的须弥山（印度称为Sumeru）的天动说意象，在日本文明开化、引进西方近代文明的过程中，无法与地动说·地球图抗衡，变成荒唐无稽、愚昧无知的东西被埋葬，在日本销声匿迹。然而即使现在到泰国去，可见寺院内部依然基于这样的须弥山观构建，在这样的宇宙观包围下，佛陀静静地端坐中央。佛祖现身于宇宙山前的佛教宇宙就在眼前，人们很自然地顶礼膜拜。

或者在不丹，生活于喜玛拉雅山附近的不丹民众淳朴地认为，如火山喷发般耸立的须弥山姿态，就是自己居住的世界的基本结构。平时在寺庙的壁画上与它相遇，会作为心中铺展的大宇宙的一景，极其自然地

世界大相图

合掌……→㉕。

　　下面要谈一下有关无名的人们，或者他们创造的民众智慧的话题。这是一幅描绘在西藏的唐卡上的须弥山的画，远方是高耸的须弥山，眼前的岛(即人类居住的世界)有五位女神在跳舞→㉗。

　　五位女神手持各种供品在舞蹈。填满了香的海螺，象征气味；演奏音乐的乐器，使耳朵得到享受；镜子反射锐利的光芒，象征眼睛的光辉；果实象征味觉；柔软的布象征触觉，

㉖—日本的须弥山图。中央奇怪的山块就是叠立于宇宙中心的须弥山。这座山被七重山峦围绕，它的外侧是大海，呈圆相环绕。从天界俯瞰，即浮现出与曼荼罗相似的世界结构。有八个山峰，向上膨胀的山顶模仿盛开的八瓣莲花。山顶聚集众佛，展示曼荼罗世界。引自存统《世界大相图》。江户末期。

即五女神象征五种感觉——
嗅觉、听觉、视觉、味觉、触
觉，为把自己澄澈的感觉奉
献给众佛翩翩起舞→㉘。

　　这个图像无言地向我们
传达一个意思：我等众生需
通过磨砺自己的五感祈祷，
才能看见神圣的宇宙山，佛
的世界才会显现……

　　亚洲的民众即使完全不懂什么学问不学问，心中也十分明了，通过
磨砺自己的五感和虔诚祈祷，这样一个不可能的世界得以存在，即在自
己的内心深处显现一个不可思议的世界。

　　不讲理论，也不玩技巧凭心机。通过直观的体验，对世界最根源的
东西直接感知的能力，这种能力正是极普通的人们所拥有的。我认为这是
亚洲文化非常突出的特征。这种感觉绝非仅仅一代人、六十年、八十年的
生涯可以形成的，只有经过几代人的智慧和人生的积累，才可能从身体

深处喷涌而出。

大概黄先生也有过类似的经历，或是从不同侧面有所感受？

黄 是的，我也确有同感。民众可以直观宇宙原理。关于把握宇宙的哲学、生命、生死的思考方法，这是一种民间信仰，它不仅仅是在我们的生活与行为当中无意识地出现，也会体现在手工艺品、祭祀的细节等各种地方。

杉 对啊。比如听了库淑兰的故事，我非常感动。这位非常平凡的老婆婆，一次突然从山崖上跌下来，昏迷不醒。当她恢复知觉后，就像着了迷一样开始剪纸，而且是美不胜收的神话世界的剪纸……

听到这个故事，我想一定是在人体深处积淀着神奇的记忆，到时候会像温泉从地下喷涌一样，突然爆发。这就是一个例子。

㉘　布匹　　果实　　镜子　　乐器　　香料

㉗——西藏的须弥山图。白色柱状矗立的山容，模仿白雪皑皑的喜马拉雅山。七重山峦像波浪一样环绕在山麓。隔海相望的下方陆地是人居住的地方。五位女神翩翩起舞，再下面是排列着王家七宝(维护佛法和国家的七件宝物)。唐卡。

㉘——五女神持填满海螺的香料、乐器、镜子、果实、布匹起舞。供品象征着五种感觉——嗅觉、听觉、视觉、味觉、触觉。她们要把自己的澄澈的感觉奉献给佛祖。

黄 正如您所说的，一方面，人生确是非常痛苦的，无数的压力……家庭、社会、政治的压力全部积攒在这个身体里。可是库淑兰的情况是，在遭遇事故之后，丢弃了所有痛苦，可以超越生死而自由地生活，得以再次发现自我。

杉 人生因生命力的喷涌而改变，真是了不起的事情。

黄 汉声的工作团队也在经历同样的体验。我们这种工作，如果没有兴趣是无法坚持的。人手不多，如果不齐心合力的话，会一事无成，而且，必须有长时间的耐力才行。

同心协力，泥土也会变成金。尽管有很多艰苦的事情，能够克服这些的话，依然可以工作得很开心。

㉙—库淑兰创作的华丽的剪纸，两幅。上，缀着生命树与花精的「剪花娘子」。下，驱除危害日常生活的毒蛇、癞蛤蟆、蝎子、毒蜘蛛、蜈蚣的「五毒」图。引自《剪花娘子 库淑兰》。

㉚上，注视着自己的巨幅剪纸作品「剪花娘子」的库淑兰。长约2.5米。在库大娘哼唱的民间小调声中，飞舞着色彩涡流的生命之树和围绕着树的森罗万象跃然纸上。下，库大娘的房间。四壁挂满了她自己的剪纸。选自《剪花娘子 库淑兰》。

我們終於見到聞名已久的民俗藝術家了，七旬高齡的她，滿頭銀絲髮生光，有如想花絲神采煥發；她正盤著腿坐在炕上，用大剪刀剪紙樣，一見到客人，馬上歡喜地笑了！

當剪紙藝術的創作者老了，她巧手還能再創作，但遠在大漠邊城村落，多行開家的她，除了老伴與文墨養鷂的陪伴之外，在這兒，誰能當她「知音」呢！

《汉声》的保存和记录传统文化工作，开始时很有兴趣，要想坚持下来，就必须把兴趣转为理性。不能光凭最初觉得"有意思"的感动，最终还是要理性地进行各种计划。否则，这样的文化工作便没法做成。

杉　做书也一样，在经历一种共同的体验中，以喜悦为本，不断探究新的创造方法论。这种感觉我很熟悉。

从民间艺术溢出的生命记忆

杉　就库淑兰这个事例，我还想说的一点是，关于在人体内积淀着神奇的记忆这件事。人的存在本身就像一个大壶，从出生到现在的体验都盛在里面，即使自己已经忘却，在某个时期、某个瞬间就会喷发出来。进一步说，一个人出生前他父母的记忆，以及追溯到祖祖辈辈日积月累体验的记忆，一定也存在身体这个壶底……

不仅如此，人本来是由精子与卵子结合，受精卵经过细胞分裂诞生固体，在胎内重复了从鱼类到两栖类、爬虫类、哺乳类、灵长类变化的生物进化过程。也就是说，我们的身体深处打下了整个生命体历史的烙印和记忆。有学者如是说。所以，我想库淑兰从山崖上跌落时这个壶被打翻，连存在深层的老底都给抖落出来了→㉜。

潜藏于无名百姓中的文化越是有生命力，越可能出现哪怕一两代人失传，但在他下一代人的体内还会重新复苏的情况。

或许这是有点一厢情愿的观察，但是看到即便中国的"文化大革命"对既有文化一切否定，传统文化曾被破坏，却仍有库淑兰这样的例子，枯木逢春的事实，我就无法放弃这个念头。

黄 我也有相似的体验。当我踏足黄土高原时，在如此广阔雄伟的环境中，深感自己是多么的渺小。走进在广阔的高原中建造的小窑洞里，在巨大的环境中，民间艺术尽管非常微小，但确实可以感觉到，在这个壶里积满了无数的记忆。这些记忆因某个契机而呈现出来的话，必定都是了不起的东西。那才是真正的民族智慧，祖先传下来的漫长记忆。

杉 我感到那不仅是民族的

㉛—现代中国的艺术家吕胜中的剪纸作品。源于抓髻娃娃的「小红人」在无限增殖，填满了一个叫做「招魂堂」的密室空间。选自「漫游天地之间·剪纸招魂」展（北京，1991）。关于吕胜中参见第191页正文、图

智慧，也是世界上人类的智慧，我有这样的感觉。因为库淑兰的画根源里潜藏着"生命之树"的形象。她的作品最根本的东西是百花争艳、果实累累的一棵树，那同时也是自己的身体，是其最根源的形象。

这是全世界的人共通的感觉。人类从灵长类的四足行走时代到直立、抬起头来时，产生了天与地的概念。那时很自然地感到身体与树木的类似性、相同性。这不仅仅是中国某一个地区民众的造型和文化，而是将人这个生命体共通的、至深的，潜藏于壶最底层的感性调动了出来。它的悠远，令我震撼。在小村落中一位老妪微小的记忆、弱小的身体里，居然潜藏着足以让全世界人感动的宏大深邃的根源记忆，因而惊诧不已。

看到黄先生和你们的团队通过《汉声》开展的工作，我再次深刻体会到，这不仅仅是把中国的传统文化牢牢记录下来传给后世的工作，而且也涉及整个亚洲传统文化的深层，或者说是与潜藏于人体深处独特的造型感觉及其根源相关的重要工作。

能够听到你如此有意义的谈话，非常感谢。

黄 谢谢。

——2003 年 12 月 23 日 于台北

㉜——库淑兰超过一米的剪纸。百花争艳的生命之树「牡丹」。她从植于大地的一个壶中生长出来。壶，象征大地的生命力，地母神的母胎。它将地中、地上、空中充盈的水统储存起来。库淑兰这种丰饶之花的意象，是否也是从这个壶中喷涌而出的呢？引自《剪花娘子库淑兰》。

「A-KA-RA」，印度书法的技艺与灵性

R.K. 乔希×杉浦康平

R.K. 乔希（R.K.Joshi）教授是印度书法泰斗。他既是悉昙文字（梵字）的天才书法家，也精通古文字和语言理论。他还是诗人，有着深厚的印度传统文化底蕴；作为表演艺术家在伴随声音和形体动作，投入全身表现语言力量的"诵咒"（Mantra chanting）表演方面，也发挥着特异才能。他是一位"浑身透着印度味"的艺术家。作为平面设计师和教育家也是大名鼎鼎。他在最近20年致力于印度公用文字的数码字体（digital font）研发，协助微软完成了文字设计软件"Vinhas"，并用它创造出许多精美、强劲的数码字体。——杉浦

右上起分别为「OMU」「RIMU」
「GRIMU」「RIMU」。为冥想迦
尼萨那迦利新开发的四字咒语，上为以
罗摩那迦利(Ganesh)的四字咒语。对
天城文字「A—」「KA—」
「RA」做纵向叠加。「A—KA—
RA（文字的造型）」展·德里，1988
年的标志设计。均为 R.K. 乔希的
书法作品。

与咒语相呼应的书法

杉 乔希先生是印度书法的第一人，又是平面设计师，作为字体（typeface）设计师大名鼎鼎，作为一位教育家也是业绩斐然。

更重要的是乔希先生对印度传统文化有相当深的造诣，不仅对书法，而且对超越书法的语言本身有着很深的关切。乔希先生喊叫着，用形体动作来表现语言的力量。作为表演艺术家也表现出特殊的才能，是一位从头到脚都透着印度味的艺术家。我到印度每次见到乔希先生都由衷地感到"印度文化的核心就集结于此……"每当触及我等现代人已经失去的、恰似深水井的水从大地底层喷涌而出般的力量时，我都感喟不已，并很自然地回顾当初与乔希先生的相遇。

这位乔希先生出现在我的眼前，现在我们可以就印度的文字、书法或有关印度的种种进行对话了。这个机会令人大喜过望。

乔 十分感谢！

杉 乔希先生是第几次来日本访问？

乔 我是第三次访问这个美丽的国家。第一次是在一个有关国际书法的研讨会上做讲演；第二次是介绍文字编排设计与字体设计。第三次就是这次经杉浦先生的举荐，出席国际平面设计团体协议会在名古屋召开的会议(2003年10月，国际设计中心)，就亚洲文字的手写体(script)做讲演。这是一个饶有兴趣的话题，即亚洲文字特别是南亚文字的大多数手写体，是建立在印度文字的先祖古婆罗谜(Brāhmi)文字书体基础之上的。我还讲到这些书体的基础即语音体系。

杉 成为今天印度文字基础的天城文字→⑤继承了古婆罗谜文字以及梵文化传统，是一个耐人寻味的文字体系→⑬。它与乔希先生研究的悉昙文字(即发展到天城文字的过渡文字)也紧紧地联系在一起。今天就印度的文字以及赋予文字力量的音声等，要好好向乔希先生请教一番。但在此之前想听听您对日本人使用的文字有何感想。在您的眼里汉字一定是十分复杂怪异的文字吧？

乔 我开始认为日本人使用的文字尤其汉字非常精彩，是从它作为绘画的角度。每一个字都是独特的画，而构成绘画的因素又必须全部以完整的形式表现出来。

　　确实复杂，然而"复杂"是相对而言的概念。与拉丁文的ABC相比，印度的字母

①

更复杂，而汉字则比天城文字还要复杂。然而复杂在于我们自身，即我们自身复杂到什么程度。文字的复杂是证明自身的复杂，所以这种复杂对于我们意味着什么……是大问题，复杂本身不算什么问题。

另一点，在东亚的书法中我认为有趣的是书写工具。说到书写工具，一般往往认为它只是人的手臂的延长。然而在中国、日本的书法中，毛笔用得非常讲究。提起笔，悄然落于纸上。落笔的瞬间最为紧要，力度如何掌握，运笔的技巧，还有最后怎样收笔。

这些盎然生趣完美地体现在东亚的所有书法作品中。可惜这种细腻的性情在东亚以外却看不到。在东亚，笔不仅仅作为书写的工具，它还是精神与心灵的寄托。中国和日本的僧人都能写一手好字。对于我来说，这一点才是至关重要的。

杉 在中国和日本，毛笔是最典型的书写工具→④。你们日常书写天城文字即现在印度公用文字的书体，是用苇秆笔即芦苇笔书写的吧→③。这种苇秆笔和毛笔一样可以写出线条的粗细。乔希先生是怎样看待苇秆笔的特征呢？

乔 苇秆笔是没有厚度的扁平木制笔。用干燥的芦苇叶柄制成。用苇秆笔书写，线条就会有粗有细。线条的粗细，靠改变笔的方向来控制→⑥。毛笔是靠适度的压力来改变线条

②—上：像印度教、密教的教义图解一样，以五种印度文字天城文字、孟加拉文字、古吉拉特文字、卡纳达文字、马拉蒂文字表现的辅音「KA」的音节组合。下：将天城文字的主要辅音和元音排成树状的「字母表」，均为乔希设计并书。

किकीकुकूकेकैकोकौ
कंकः
क का कि की कु कू के कै को कौ कं कः

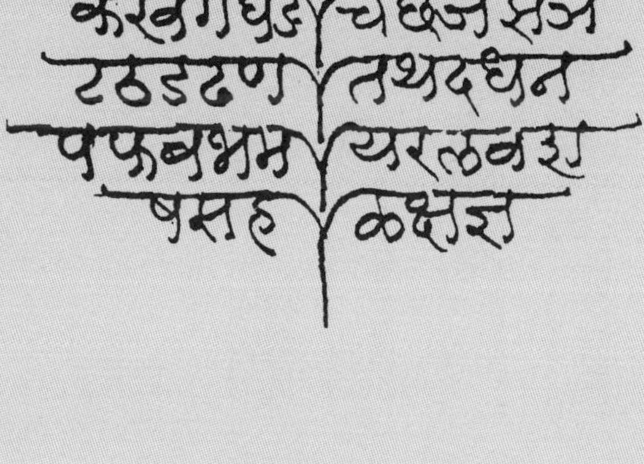
अ आ
इ ई
उ ऊ
ए ऐ ओ
औ अं अः
क ख ग घ ङ
च छ ज झ ञ
ट ठ ड ढ ण
त थ द ध न
प फ ब भ म
य र ल व श
ष स ह
क्ष ज्ञ

②

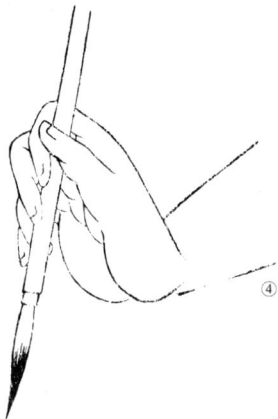

的粗细，这一点很独特。我到现在还不打算用毛笔，而苇秆笔倒是可以用的。

毛笔与苇秆笔的共同点则当别论。苇秆笔尖的裂隙与毛笔尖具有完全相同的功能。苇秆笔最初的合墨触纸，与毛笔的点墨落纸完全一样。

　　无论苇秆笔还是毛笔，两者同样是在看不见的文字结构上挥运。是将内在的文字结构化为外在之形，所以使用的工具只是附属品而已。使用毛笔时，笔压大字则粗，笔压小字则细。

杉 乔希先生是喊叫着将不可视的结构化成文字字形的。1972年我随联合国教科文组织派遣的代表团第一次访问印度时，肩负着调查印度文字的使命。在孟买调查时，我们面前出现了一位书家，大声喊着"KA—HA—"，在我们眼前展示了精湛的书艺。

　　当时我茅塞顿开：对！文字就是声音，就是咒语的载体！这位书家的书写行为彻底改变了我的文字观。

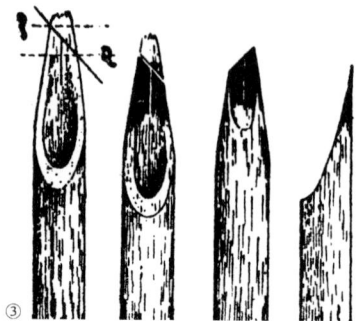

③书写天城文字时使用的苇秆笔及其制作方法。
④中国、日本的毛笔。

当时的那位书家，后来听说就是乔希先生。您是打开我对文字的心灵感悟的启蒙老师。乔希先生不仅书写文字，而且还在日常生活中实践着诵咒这一重

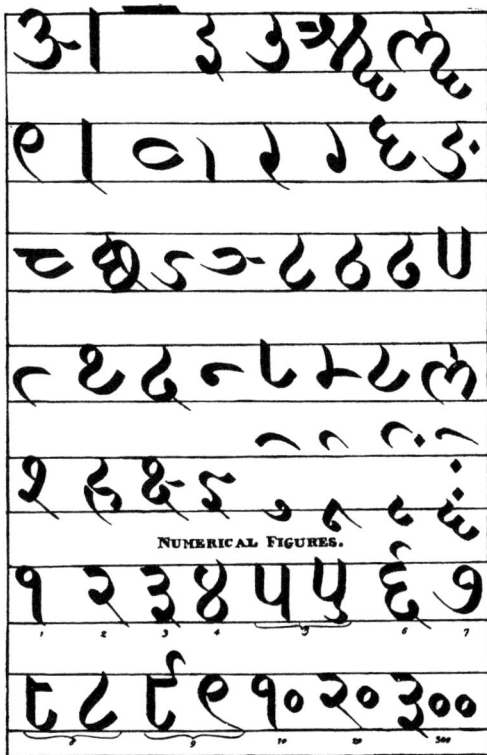

NUMERICAL FIGURES.

⑥

⑤—天城文字各部分的名称。源自jana梵文书体。
⑥—天城文字入门。查尔斯·威尔金爵士的图解。苇秆笔书写的粗细线条自然天成，有节奏地上下舞动，产生了别具魅力的字形。

要的"行"。我想，乔希之书产生于您的身体之"行"。

乔 1972年的事，我是今天早晨第一次听说，太让我吃惊了。原来我和杉浦先生在三十多年以前就相遇了啊。

杉 这是一份我在1972年给《读卖新闻》投稿的文章，上面记录着我当时受到的强烈震撼(参见第038页)。

将印度口头传承的传统与书法艺术融合

乔 您谈到"声音"，"音"(sound)是印度文化中至关重要的因素。

都说印度人识字率低，不会读写。然而印度人可以讲述美丽动听的故事，我们有口头传承的传统，连穷乡僻壤的老百姓也能对你娓娓道来。印度自有史以来，印度文化中就有了丰富的口头传承传统。

在印度，意味语言的声音(śabda)，不仅仅指我们说话的语言，它在梵文中还意味着"ākāśadharma"，即普遍法则。声音无处不在。经典称之为

⑦——印度的咒符，连书的梵文缚住非凡的灵力。

⑧——在印度首次举办的书法交流会"书法瑜伽"(Akshara Yoga)上表演书法的乔希(上端)。IDC，孟买，1986年。

269

⑨

⑨——乔希的书法代表作之一，「AUM真言」（Aummantra）。将A-U-M三个音节的朗诵时间加以变化，就变成三种真言，对此进行书法式的解释，表现了音响的质的变化。中心出现的「AUM ॐ」的音响形成波纹向四周扩散。

⑩——印度传统音乐发声法的书法记谱系统。A.D. 纳拉蒂和乔希联合研发。

[1]——纳达（Nada），即「音流」、「声音」，是构成印度音乐的基础。「纳」意为「生活中的存在」，而「达」意为「火」。所以，印度音乐理论认为在创造纳达的时候，存在身体内部的火就会点燃，然后气流就会通过一个狭窄的通道喷发出来。

——译注

"语言大梵"（śabdabrahman）。

杉 嚯，话题一下就切入根本的、哲学的、宇宙论的问题上来了。

首先您说到的"śabdabrahman"（语言大梵）。śabda是语言，而brahman则指宇宙的最高原理。即与宇宙缔造神梵天大神相通的词。梵天是体现构成宇宙真理之核"吠陀"智慧的神。所以"śabdabrahman"就是构成宇宙根源的语言之意。它是由"AUM"的圣音所代表的……→⑨。

另一个是 ākāśadharma。ākāśa表示虚空，而dharma指法。即虚空包容或虚空产生的宇宙原理之意吧。

意思是说语言即构成宇宙根源的初始振动，即填满虚空的宇宙原理吧。

乔 印度的文化从一开始就接受了"音"，将它作为宇宙中无处不在的最根本的经验。"音"中有听得见的音和听不见的音。初始音存在于我们的周围，但因为它是冻结的而听不见。如果出现某种新技术，能解冻这种音的话，也许还会听得见。

根据印度的传统，有三种类型的"纳达"（Nada）[1]（音）。第一种是"物理之声"（ahat nada）。敲击两种东西，或演奏乐器发出的声音。人的喉咙也包括在这个乐器中→⑩。叫喊、击

⑩

掌、敲桌子的声响都是"物理之声"。

第二种"非物理之声"（anahat nada）是不演奏乐器也发出的音。堵上耳朵也能听到的音。或把耳朵贴在素烧罐上的时候听到的声音。这种声音就在我们的内心深处。

15世纪的诗人卡比尔（Kabir），就"非物理之声"讲过关于壶里的七个海的响声。卡比尔是圣人，他是歌颂纯真深远意境的诗人。

> **杉** 禅宗的公案中也有不少类似的典故。例如"给我听单手音来……"这是白隐（禅僧，1685—1768）的公案。或者"听绫鼓之音"。即表现一种对无音产生共鸣、感知的内心世界和妙悟之心……

乔 第三种是"人工之声"（krutrim nada），这是反自然的、人工的声音。现在我们说话时的声音，也包括在这个"人工之声"之中。人的声音既是"物理之声"又是"人工之声"。语法学者把这个"人工之声"分类成辅音和元音。即从人的思考中产生的辅音与元音一起构成话语的音节。

让我来介绍一个口头传承的例子吧。在教授咒语时，老师对学生不是用文字，而是用声音教授诵咒的方法。对声音的高低、节拍、声调，哪里应该强调，哪里休止，手势的摆放等都要一一交代清楚，指导他们原原本本地传承给后代。

2
7
2

⑪——用种字"ॐ"的连书描绘学问与招福神——迦尼萨（有象头）的乔希书。原画线图出于夫人曼喀拉·乔希之手。头上的文字为"AUM"。

⑫——以天城文字之祖——古婆罗谜文字（约公元前3000年至公元前1000年书写的各种"AUM"书体。从宇宙山升起的太阳（左起第二幅）进而变化成有长鼻子的迦尼萨（左端）。引自B.S.奈库《天城文字的编排设计》。

杉 您的这些话不正是反映在您做书时的全身运动上吗?

乔 此话极是。

杉 或许乔希先生念诵咒语是让它贯通全身, 并直接印进字形中。

乔 事实上人们认为诵咒可以使泥胎获得生机。比如这里有一尊迦尼萨神的塑像, 即使是彩塑的, 原本也只不过是黏土。

然而在一个特定的日子里, 用特定的方法诵咒, 就可以让迦尼萨神的塑像获得生命→㉞。即, 诵咒的人具有产生物质, 对物质赋予生机活力的造物主的力量。这就是我所说的口承传统。

杉 乔希先生所书文字岂止给原有的迦尼萨神赋予了生命→⑪。有

⑪

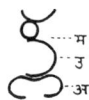

Brahmi

Devanagari

⑫

时看上去甚至就是从无，即虚空(ākāśa)将有形物展现到眼前的行为……

乔 我长期以来热衷于口头传承与书法二者的融合。咒语也叫种子书（bij Akshara，"bij"即种子，"Akshara"即"书写"之意），非常重要。种子是生成树的根本。从这粒种子中可以长出思想之树。

种子书具有非常强大的力量，我想正因为它是口头传承下来的缘故。所以我认为，咒语一定会在书法上同样发挥强大的威力。我得到这种灵感来自悉昙。

从悉昙(梵字)汲取营养

杉 您是怎样与悉昙相遇的呢？

乔 这是一个自我探险，即自己寻找内在的自我的探险故事。在一个雨落纷纷的午后，当我在图书馆目不转睛地注视着书架上的书时，看见有一本书脊上写着《悉昙》的书。这是什么？我顺手拿了过来。仅仅三四分钟就完全被它慑服了，不住地翻动纸页，深为不可思议，这究竟是什么？竟然如此精妙！然后又想：到底是什么人写了这么了不起的东西？一看

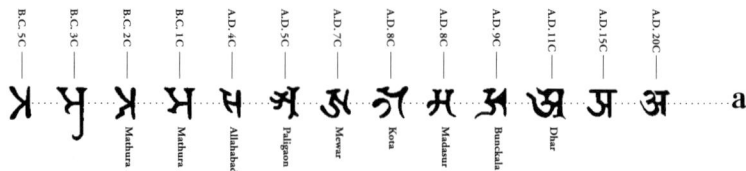

B.C.5C	B.C.3C	B.C.2C	B.C.1C	A.D.4C	A.D.5C	A.D.7C	A.D.8C	A.D.8C	A.D.9C	A.D.11C	A.D.15C	A.D.20C	
													a
	Mathura	Mathura	Allahabad	Paligaon	Mewar	Kota	Madasur	Bundela	Dhar				

封面,有高罗佩(Robert Hans van Gulik)[2] 的名字。他是毕业于莱顿大学(Universiteit Leidew)的荷兰人,曾做过中国大使。遇到这本书,我想:"就是它!"

在我拿起这本书的十年前,还有一个人拿过它。他就是巴利(Pali)语、佛学研究家多鲁加·巴格瓦特(Durga Bagwat)。

我遇到这本书是在1972年。高罗佩是在1952年出版的这本书。但是他研究悉昙却是在1936年前后。他在前言中写道:"但愿将来印度艺术家能读到本书,使印度传到中国的这个美丽文字形式,重新

⑭

⑬一元音「牙」字的变迁。从公元前5世纪至现代有十三个发展阶段。设计=乔希。引自「A-KA·RA」展的宣传单。

⑭来自11世纪贝叶经本的摹写文字。可以看到古普塔(Gupta)文字的影响。上:字形独特的「i」字局部放大。

[2]高罗佩(1910—1967)。荷兰汉学家。1928年进入莱顿大学(Universiteit Utrecht)攻读中文、日文、藏文、梵文和东方历史文化。1935年获博士学位。任职外交官后,被派驻日本、中国、印度等。博学多才,发表过多部研究中国历史文化的专著和译作,对中国古琴研究造诣颇深。并有《中国房内考》等著作,其小说《狄公奇案》在西方畅销。——译注

回归故土印度。"

杉 高罗佩是一个兴趣广泛的人，或者说是对世界把捉得广且深，他也因研究中国古琴而闻名。他不仅研究传统音乐，还研究中国房内术，他的着眼点就是与众不同。这个高罗佩也研究过梵字，这既让人吃惊，也很好理解。

悉昙(梵字)从印度传到中国，又传到了日本，成为日本僧人必修的文字。

在日本也有以悉昙一字音表现佛陀、菩萨等各尊的传统。有一种行为是吟诵赞佛咒语的首字或尾字，祈佛现身……悉昙就是这样，成了那些对佛教和美术感兴趣的日本人自古以来熟悉的文字→⑮下。我的感觉是它有很强的冲程，是一种发射强大磁力的字形→⑮上。

乔 悉昙的词源"siddh"一词有"完美"的意思。从中国到印度来的旅行者们将梵文和天城文字抄本带了回去。这便是一切的开始。

然而令我由衷惊讶的是，中国和日本僧人书写悉昙时，字怎么会写得那么大。看了高罗佩的书以后，我回到家就开始制笔、习书。前三年的时间，我每天都往同一个亚洲图书馆跑，摹写了林林总总的书法抄本，但是我摹写的天城文字都是小字。然而悉昙的文字却是巨作。我为之感动了。

杉 写得大了，悉昙书体固有的匀称结构之美才能一览无余吧。因为悉昙是一种一点一画的长度、间隙或角度的掌握都有严格规定的文字……

⑮

乔 太对了！所以我回到家就制笔，也去写有同样冲程的大字。然而大小完全变了，怎样下笔我完全不摸门。

开始下笔的第一个点至关重要。然后是在什么

⑮—日本的学僧慈云(1718—1804)书写的梵字 𛱁，气势磅礴。下：梵字亦称悉昙文字。每一梵字象征一尊佛的「胎藏界种字曼荼罗」。八叶莲花的中央随着「𛱁」的波荡，大日如来现身。木版印刷。日本，江户时代。

样的空间移动，以什么样的角度向哪个方向、以多大的腕力运笔。不懂这些，大字书就无从谈起。为了掌握这一点，我用了两三个月的时间。当我终于掌握了这一点的时候，我便得到了"moksha ananda"，即"终极的祝福"。是悉昙给了我这份喜悦。我决心要更加发奋学习。

杉 应该正是那个时期，我把悉昙，即面向日本学僧的、类似梵字教程的一本书的复制本寄给了您……→⑯

乔 对。我得到了那本非常精美的书。我用它又做了种种尝试，感悟出悉昙的新样式，

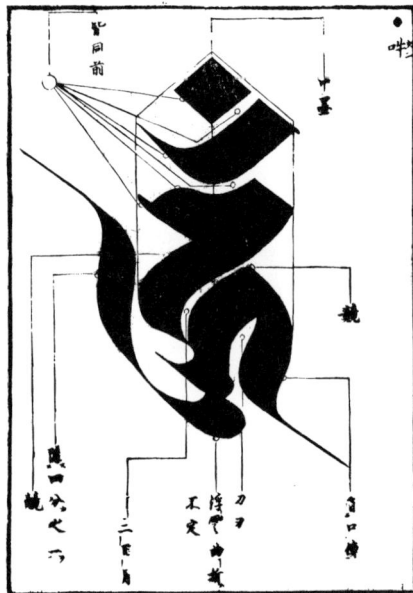

⑯——为日本僧人制作的梵字指南《梵字朴笔年鉴》。江户宽永年间刊本。上为「雹」，即「吽」，下为「羽」，即「阿」。详细记述着对结字的要求。印度的苇秆笔逐步变成刮板笔，可以写出粗细线条。杉浦送给乔希的梵字资料之一。

并设计了新字体"悉昙那迦利"（Siddhanagari）。

杉 这是乔希先生以现代的性情创造的新悉昙啊。刚才您谈到下笔起始的意义、最初的一笔的说法，很有意思，然而随后进入冲程之前的斜角，即悉昙与梵字特有的这个角度，对于您意味着什么呢？

乔 最开始的这一笔，起到把握全局或散发和释放能量的作用→⑰。请允许我再谈一点悉昙。

按照中国和日本的书法精神，书写行为本身就是一种仪式。必须凝神专注，如禅僧不秉一念，不受一拘。我也通过悉昙体验了它的全过程。挑战大幅作品时，真的屏住呼吸，一气呵成。只要稍有杂念，或稍迟疑，绝对写不出这样的字。这是我从悉昙学到的精神体验。因为是大字书，所以我做到了。

为了写大字书，必须有大型工具。我自制了如自己

⑰

⑰—罗摩那迦利字体向三角形文字的发展。乔希设计。

手臂长度的工具。写字的时候首先起身，用深呼吸调整心态。边吸气边把笔浸到墨壶里，判断呼吸量和墨量。没有把握时便重来，吸气、集中精神、蘸墨。对呼吸量和墨量胸有成竹了，再下笔→⑱。其间屏住呼吸，在结束时舒出一口长气之前，连自己也不知道究竟会写成什么字。

杉 讲得好！

乔 这个字基于悉昙→⑱上。我把它称为"悉昙那迦利"，是一种蕴涵着悉昙精神的字体。它的冲程向这个方向运动，但是在这里不是戛然而止而是上冲，展示一种大写意的动态美。

杉 我感觉到天机流荡的气韵。这条墨线的飞动中蕴涵着"物理之声"、"非

⑱—上："圣音节「HHRUM」。乔希书。在古腾贝格(Gutenberg)博物馆的参展作品之一。下："正在创作的乔希与他自制的刮板笔。

⑱

物理之声"和"人工之声"的纳达……这幅作品是什么时候创作的？

乔 作于 1998 年，卷轴长约 10 英尺。作品参加了在德国古滕贝格（Gutenberg）博物馆举办的展览。

杉 选择这样的圣字，并能将它完美地展现出来，这正是乔希先生书法的过人之处啊。

设计开发印度文字

杉 由于悉昙的这些经验，打开了您内心对文字全新的眼界，它又给印度的人们带来强烈震撼。这一下引起轰动，您便开始了对现在全印度使用的新字体的设计。

您与微软联合设计了几种字体吧。究竟设计了几种在印度使用的文字呢？

乔 还是让我从头说起。

我认为不首先是一个称职的书家，就不可能设计字体。我先与孟买国立软件技术中心（NCST）的计算机学者和工程师联手，帮助他们开发了名为"Vinyas"的新软件。这是根据骨架结构设计程序，从文字骨架入手设计新文字的软件→⑳㉑㉒。

杉 悉昙的学习派上用场了吧？

乔 完全正确。我用 Vinyas 软件设计了很多 PS（PostScript）字体，取"Calligraphy"的"Calli"加上"font"，命名为"Callifonts"。完成"Callifonts"时，微软公司来人联系，希望我设计装在"视窗"（Windows）平台的 OS（Operating System）操作系统上使用的印度文字。我刚离开 IIT（印度工科大学）的 IDS（工业设计中心）视觉信息学科教授一职，从 1997 年启动该项目，到完成全部工作用了四五年时间。

现在，有几种印度文字装在"视窗 2000"和"视窗 XP"的操作系统上。这是在当时仍处于发展阶段的开放格式下首次完成的工作。

杉 这可是个大工程。

乔 是一件非常值得做的工作。

用开放格式做，可以将印度文字非常完美地连接起来。连续输入两三个文字，就会出现一个合字。连接文字与文字的组合是用规则和列表制作的。先制定一套规则，例如"若第一个出现的是 r，要放在下一个字的头上"，并列出一览表。当时我的女儿正在美国，她把这些字体全部加载到"视窗 2000"和"视窗 XP"系统上了→㉓。

现在，我在 NCST 发展后成立的领先计算机开发中心（C-DAC）索引项目（IndiX Project）下，正在为 Linux 的 OS 做着

同样的工作。已经设计了印第（Hindi）、马拉蒂（Marathi）、

梵语（Sanskrit）、泰米尔（Tamil）、马拉雅拉姆（malayalam）、

SINDHUNAGARI	BRAHAMANAGARI	SWARANANAGARI	KADAMBANAGARI
HARSHANAGARI	MEGHANAGARI	PRACHINAGARI	SIDDHANAGARI
MADHYANAGARI	DNYANANAGARI	JAININAGARI	STAMBHANAGARI
LAMANAGARI	UMENAGARI	UCHENNAGARI	VIDYANAGARI
SWARANAGARI	DRUTANAGARI	VAKRANAGARI	PASHCHINAGARI

⑲

⑲—根据古印度的碑文或古籍记载的文字开发的书法字样式。其中的几个书体被应用到书法字和字体的开发上。乔希研究、设计。

卡纳达（Kannada）六种语言的字体。泰卢固（Telugu）、孟加拉（Bengali）、阿萨姆（Assamese）、古吉拉特（Gujarati）、旁遮普（Gurumukhi）、奥利亚（Oriya）、吠陀梵文（Vedic Sanskrit）的七种语言，目前正在设计之中→㉖。

杉 用Vinyas设计的视窗的字体与为Linux设计的字体有何不同？

乔 为Linux平台的字体设计使用的是将文字总体轮廓确定下来进行设计的字符外形设计程序。

而Vinyas的这套文字设计软件，使用的是确定文字内部线条、骨架结构的骨架结构设计程序。它是在能够连接文字各部位的基本控制点、芯（Core）构成的骨架上，动用种种工具加上必要的肉→㉑㉒。按照这个方法可以更自由地控制文字的形。今后只要有机会，我随时都想用Vinyas做出让人振奋的工作。我真正想做的是开发悉昙的字样。因为在字样设计中悉昙是最大最困难的挑战。悉昙字体有四五层结构，只要用开放型技术制定规则和列表，应该能设计。相信早晚有一天，我一定能设计出悉昙字样的。

印度公用文字的多样性

杉 我想请教一个问题，经过乔希先生设计的印度文字书

㉓—基于开放格式的数码字体设计。左：天城文字的辅音Mangal字体。右：旁遮普语的辅音 Raavi 字体。

㉒—在芯线基础上，增加厚度。

㉑—用芯线和工具，制作几个冲程。

㉒—以Vinyas显示设计「KA」字的过程。

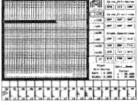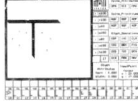
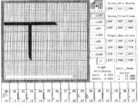

⑳

㉑

विन्यास ㉒ विन्यास

| Devanagari Consonants | | | | | | Gurumukhi Consonants | | | | | | |

Devanagari Consonants

KA	KHA	GA	GHA	NGA
क	ख	ग	घ	ङ

CA	CHA	JA	JHA	NYA
च	छ	ज	झ	ञ

TTA	TTHA	DDA	DDHA	NNA
ट	ठ	ड	ढ	ण

TA	THA	DA	DHA	NA
त	थ	द	ध	न

PA	PHA	BA	BHA	MA
प	फ	ब	भ	म

YA	RA	LA	VA	SHA	SSA
य	र	ल	व	श	ष

SA	HA	LLA	KSHA	NGYA
स	ह	ळ	क्ष	ज्ञ

Gurumukhi Consonants

KA	KHA	KHHA	GA	GHA	GHHA	NGA
ਕ	ਖ	ਖ਼	ਗ	ਘ	ਗ਼	ਙ

CA	CHA	JA	JHA	ZA	NYA
ਚ	ਛ	ਜ	ਝ	ਜ਼	ਞ

TTA	TTHA	DDA	DDHA	NNA
ਟ	ਠ	ਡ	ਢ	ਣ

TA	THA	DA	DHA	NA
ਤ	ਥ	ਦ	ਧ	ਨ

PA	PHA	FA	BA	BHA	MA
ਪ	ਫ	ਫ਼	ਬ	ਭ	ਮ

YA	RA	RRA	LA	LLA
ਯ	ਰ	ੜ	ਲ	ਲ਼

VA	SHA	SA	HA
ਵ	ਸ਼	ਸ	ਹ

㉓

体究竟达到多少种了？听说印度有十五种公用语……

乔 现在有十八种公用语，这个数字还在继续增加。因为有几个公用语使用通用的手写体，所以比语言数要少。我和我的设计小组一起设计了主要的九个手写体的三十种字样。包括用 Vinyas 设计的六种"Callifonts"，为微软公司设计的十二种字体和为 Linux 设计的十二种字体。我还没有设计的有乌尔都语(Urdu)、克什米尔语(Kashmiri)、信德语(Sindhi)。

杉 十八种公用语并不是零零散散的，而是根据文化圈的不同，或沿着文字进化的轨迹而分成几大块儿的吧？

㉔

अ ꠹
HINDI   GURUMUKHI

અ अ   অ অ
GUJARATI MARATHI   BENGALI ASSAMESE

ଅ
ORIYA

ಅ అ
KANNADA TELUGU

അ அ
MALAYALAM TAMIL

㉔——印度次大陆的主要语言分布（上）与主要文字的相似性、差异性。"A"字的比较。根据为 Linux 设计的数码字体。

例如泰卢固、卡纳达、泰米尔等是具有相似书体的文字群，旁遮普、古吉拉特等应该是同一组群。而天城文字构成一个大的组群。乔希先生把它们分成几大块儿呢？

乔 首先应该把印度分为东西南北四大区域。然而南印度又有南印度的几个分支，还不能把南印度笼统地作为一组。需要进一步细分成小组，而且各种语言的规则也不同。

例如古普塔文是4世纪古普塔王朝时形成、冠以王朝名字的文字，也是悉昙的祖先，然而不久它就分流到东和南两个方向。向东远行的古普塔字变成更趋于三角形的文字。孟加拉文、帕拉文都属于印度次大陆东部的文字，都成了三角形文字→㉔。

杉 我从前看萨蒂亚吉

Marathi
Kannada
अ Malayalam
अ Sanskrit
अ Tamil

Aksharanam Akaroshmi

। अक्षराणां अकारोऽस्मि ।

㉕

अ
इ
ஐ
अ
అ
ଓ
अ
ஆ
अ
அ
अ

নতুন বছৰৰ বাবে শুভেচ্ছা জনালা

নব বর্ষর শুভকামনা

ಹೊಸ ವರ್ಷದ ಶುಭೇಚ್ಛೆಗಳು

નવવર્ષની હાર્દિક શુભેચ્છા

புத்தாண்டு நல்வாழ்த்து

కొత్త సంవత్సరం శుభాకాంక్షలు

 નવું સાલ મુબારક

নববর্ষৰ আত্তৰিক শুভেচ্ছা জানাই

नववर्षानिमित्त हार्दिक शुभेच्छा

നവവത്സരാശംസകൾ

नववर्षार्थ शुभकामनाः

नए वर्ष की शुभ कामनाएं

Best wishes for the New Year

㉖

㉕——《薄伽梵歌》（Bhagavad Gita）第十章「在文字中，我就是「A」字」（Aksharanam Akaroshmi）汇集了若干「A」书体的海报。乔希设计。
㉖——用十二种公用文字记述的新年贺词。设计＝乔希与设计小组。最下一行为拉丁文字母。
Linux的数码字体。

特·雷伊（Satyajit Ray）的电影时，为标题的美而感动→㉗㉘。
就是《大地之歌》（*Pather Panchali*）、《大河之歌》（*The Unvanquished*）等的标题。它们是用孟加拉文写的，后来听我的朋友柯蒂·特里维迪说是雷伊自己写的。太神了。

　　我感觉孟加拉文字是多少带一些悉昙味的文字，按照刚才的说法它是从古普塔文字分出来的。至少从我对文字的美学角度看，在印度那么多文字中，例如孟加拉文就非常美，它既纤细又端庄。

　　对于孟加拉文字的美感，也许是由于日本人自古以来经常有

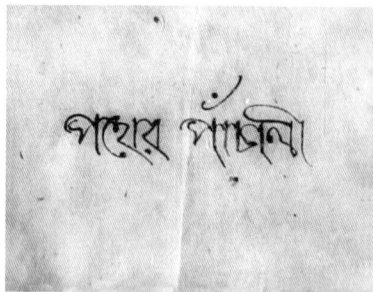

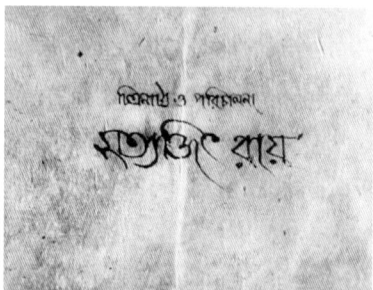

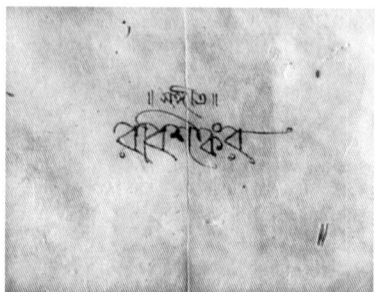

㉗

㉘

机会凝视悉昙文字，有这种记忆的关系。乔希先生认为现在
的印度文字中哪种字最漂亮？当然悉昙除外的话……（笑）

乔 让我说是乌尔都文字→㉙。它是印度次大陆西部的文
字，乌尔都那如水流的动线飘然逸出，活泼灵动。像瓦巴布
或伊凡·穆库拉这些卓越的书家们，将乌尔都合字的特性发
挥得淋漓尽致。1988年我在德里策划了一个题为"文字造型"
的世界书法展，我的灵感正来自1976年在伦敦举办的题为
"古兰经"的展览会，在那里看到的阿拉伯文书法让我惊呆
了→㉚。

　　雷伊本来是书家，电影导演是他的第二职业，他也是设计
师。我与雷伊见过三次，第一次是早晨六点半他来电话约我见
面，我马上赶去了。本来1988年的"文字造型"展开幕式他

2
8
9

㉙

㉗㉘—电影导演萨蒂亚吉特·雷
伊(1921—1992)的漂亮的书法。他
导演的电影《大地之歌》的片头。
㉙—乌尔都文字（西北印度穆斯
林系人们使用的阿拉伯系文字）
书法例。

说好来参加的，但是因病没来成，那以后不久他就去世了。

雷伊是伟大的书家。他的电影中一定会出现男主人公泪眼汪汪地给恋人写信的场面，尽管是边哭边写的，书体却妙不可言……(笑)

杉　真没想到那么漂亮的孟加拉文手书体，居然出自雷伊本人之手……

那么传入南部的古普塔文字命运如何呢？我想字体大概都变成浑圆了吧。

乔　是的。因为南印度是在贝叶棕(pattra，又名贝多)的叶子上写字。在贝叶棕叶子上如果用直线写就会划破。必须用不带棱角的圆形来写。要用铁笔(尖笔)耐心地把折角画上去。书写三角形文字肯定不行。

在贝叶棕叶子上用铁笔写上字后，撒上黑粉一摩擦，文字就清晰可见了。"lipyatei iti lipi"的意思就是"一摩擦文字就

㉚

会浮现出来"。实际上在梵文中表示"手写体"的"lipi"，即从表示"摩擦"的"lip"衍生而来。这就是关于南印度浑圆手写体的故事。

杉 一摩擦就会浮现的这类文字，应该包括泰卢固、卡纳达、泰米尔文。在日本叫"贝多罗本"或"贝叶本"，这种贝叶本形式传到东边的国家，演变成缅甸、泰国、柬埔寨以及爪哇文字了。

乔 是这样的。东南亚的文字都是团团的。

杉 这么说乔希先生的南印度文字设计，与缅文、泰文的字样设计是互相重合的了。也许可以与

③

291

㉚—19世纪阿拉伯文书法画（以书法文字构成的绘画）。仅用文字美丽生动地表现了「乌鸦喝水」的故事。

㉛—抽象化的天城文字「A习」。乔希的毛笔书法。

㉜—天城文字，耆那样式（Jain style）的书法，「将我们的行动反映到我们的根基上」。乔希书。

㉛

㉜

泰国的字样设计师互相切磋，甚至互用吧。

乔 那是有可能的。归根结底，婆罗谜文字又是这些文字的"根"嘛……

反映声音变化的文字编排设计

乔 不过，现在我还有更感兴趣的事。即摸索在声音和文本这个来自我们体内的两者之间，如何建立牢固的关系的方法。能否将嘴里发出的元音和辅音的音声转换成文字，用打印机直接打印出来呢……现在正绞尽脑汁琢磨这个问题。

杉 您是在尝试创造一种新型"音声打字机"啊……（边看

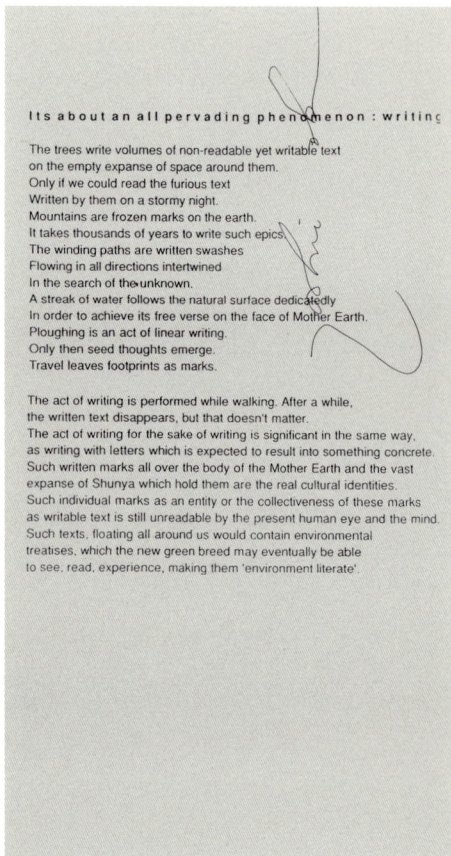

Its about an all pervading phenomenon : writing

The trees write volumes of non-readable yet writable text
on the empty expanse of space around them.
Only if we could read the furious text
Written by them on a stormy night.
Mountains are frozen marks on the earth.
It takes thousands of years to write such epics.
The winding paths are written swashes
Flowing in all directions intertwined
In the search of the unknown.
A streak of water follows the natural surface dedicatedly
In order to achieve its free verse on the face of Mother Earth.
Ploughing is an act of linear writing.
Only then seed thoughts emerge.
Travel leaves footprints as marks.

The act of writing is performed while walking. After a while,
the written text disappears, but that doesn't matter.
The act of writing for the sake of writing is significant in the same way,
as writing with letters which is expected to result into something concrete.
Such written marks all over the body of the Mother Earth and the vast
expanse of Shunya which hold them are the real cultural identities.
Such individual marks as an entity or the collectiveness of these marks
as writable text is still unreadable by the present human eye and the mind.
Such texts, floating all around us would contain environmental
treatises, which the new green breed may eventually be able
to see, read, experience, making them 'environment literate'.

㉝

㉝—乔希的诗。「关于书写。」这个遍及宇宙的现象。

|印着诗的纸页)

乔 这里有一个具体例子。这是诗的文本→㉝。假设我现在朗诵这首诗，在这里暂停。这样需要软件程序将"暂停"翻译过来，自动在文本中设置表示暂停的空格。能使声音的强弱、高低、暂停全部被直接编排设计，进行准确的转换。所以就是跟嘴里说出来的一样，将声音的表情、强调点在哪里，哪里是有意识的休止等，统统自动反映到文本的文字组排中。

同样的内容，两天后如果用不同的方法读出来，编排设计也跟着改变。读法和说法因自己的心情、情绪发生变化的话，这种变化直接被反映到纸面上。

杉 即使是同一天，第二次说的时候可能就不一样。

乔 对啊。也许两分钟以后你我都变成另外一个人。不断的变化。变化是大自然的安排，所以今后的文字编排设计必须反映这一点。岂有一旦印出来就万事大吉的事情？

杉 总之就是通过文字或文字编排设计，持续把捉、定格人的存在及其须臾变化的过程。乔希先生所做的尝试正是要将"变化的存在"本身反映出来。

乔 是这样的。

杉 这就是鲜活的文字编排设计，终极的文字编排设计思想啊。

　　用电脑表现口语的时候，必须巧妙地设定边界。否则，你说的话中是否充分反映了你自己就会成问题。另外比如说这个字的字号是10磅，那个字的字号是1万磅的时候，就会超越电脑的边框（frame）。它有这类很微妙的边界。

乔　赞成。您的意思我完全明白。

　　确实要对语言的音声参数做周密的格式设定。这是第一点。其次，我不认为电脑是决定性的技术。如果有更先进的技术可以利用，当然很好。我不是仅仅指从16比特（bit）到32比特，再到64比特的技术进步的问题，而是说或许在不久的将来我们会掌握一种让我们心想事成的力量。

　　我认为数码技术到来的好处是，实现了将功率点（power of point）全部作为像素（pixel），也就是"种子"（Bija）来看待。这是最突出的贡献。当然搞技术的人并不喜欢这种话题，他们会觉得太哲学。

　　另外一点是，电脑对分辨率低的形象提供了高超的认知技术，太了不起了。使用电脑，用仅仅一个小小的点竟然能够做那么多事。就说用10或12的像素制作一只爬着的虫子的画像吧。人的大脑让你这样去理解。大脑非常敏锐，即使只有10像素的低分辨率，也可以描绘出爬虫的模拟印象，所以可以认识"正在爬行的虫子"这个概念。这正是数码技术的了不起之处。

杉 乔希先生把像素精辟地定义为力量之种子的功能。Bija即种子。假设印度人的意象中出现一粒种子，这粒种子在眼前被视同一棵大树。即，无论多么细小的东西中都蕴

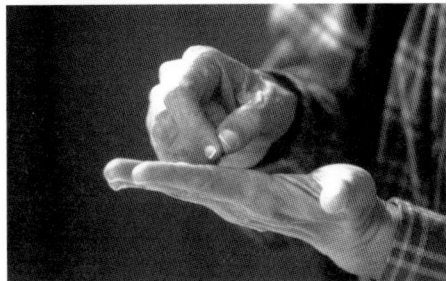

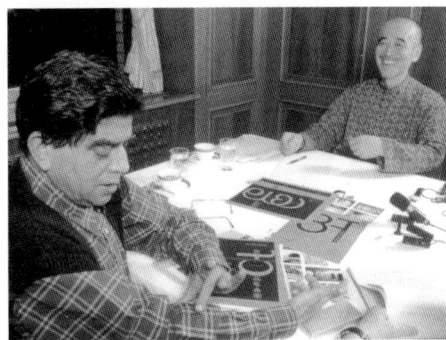

涵着整个宇宙的思想。乔希先生多年的工作也可以说是探索在微小物体中表现整个宇宙之路吧?

乔 说得好。完全说出了我想说的。

至书——从无到有，归于无

杉 乔希先生来到日本以后，对我讲了很多。其中有一段话令人难忘。

"我虽然以各种方式在写字，但是文字或书法不仅仅是人在纸上写，不是纸和笔简单的遭遇。它是什么呢? 文字宛若从我们立足的大地破土而出。就像植物从种子中生出茎叶，长大，变成大树挺拔直立一般，出现在我们面前……"

您给我讲了一切从无到有，再归于无，即在宇宙的生成、消亡过程中出现了文字。能用您的话再给我讲一遍吗?

乔 这是一个非常复杂的过程。首先是种子，书家的内心世界必须有种子。也有人把它称为火。这个火首先要燃烧起来。

其次是毛笔或硬笔最初接触到空间(白纸),在这个瞬间,火必须表现出来。最初的接触至关重要,这个接触点是一点一滴,从这里生发一切。其后即各随其道。有中国的、阿拉伯的、印度的、欧洲的方式。

然而,关键的是空间概念。自然,是以它巨大的能量保持平衡并发挥着作用的。自然中既有山川沟壑,也有森林树木。书家可能也想用

㉞

㉞—赋予迦尼萨神以生命的咒词。乔希书。

自己的力量，在它的空间做出某种"保持平衡"的贡献。这时的关键在于发现空间中蕴藏的能量点，即发现接触空间的第一个点。如果能够接触到这个能量点，空间本身即自在呈现。于是书家仅仅化作书写文字冲程的工具之一。书家不是用自己的力量写字，他只是触动空间的能量点而已。触动能量点，这才是书家最重要的行为。

杉 发现能量点，并与巨大的空间产生交感……

乔 无论书家是否在那里，空间都是永恒的存在。书家是否发出能量权且不论，能量点始终在。你不去激活能量点，还有别人去做。

所以作为书家，终极的体验就是空。虚空间，即无的空间。无书之书，乃为至书。这才是书家终极的、至高的体验。

就是涅槃！就是一切皆空！就是终极的境界！

杉 哦……太美妙了。

——2003 年 10 月 14 日　于东京

㉟ ——《纯粹意识……宇宙性的无》。描绘终极的无的印度细密画。18 世纪。

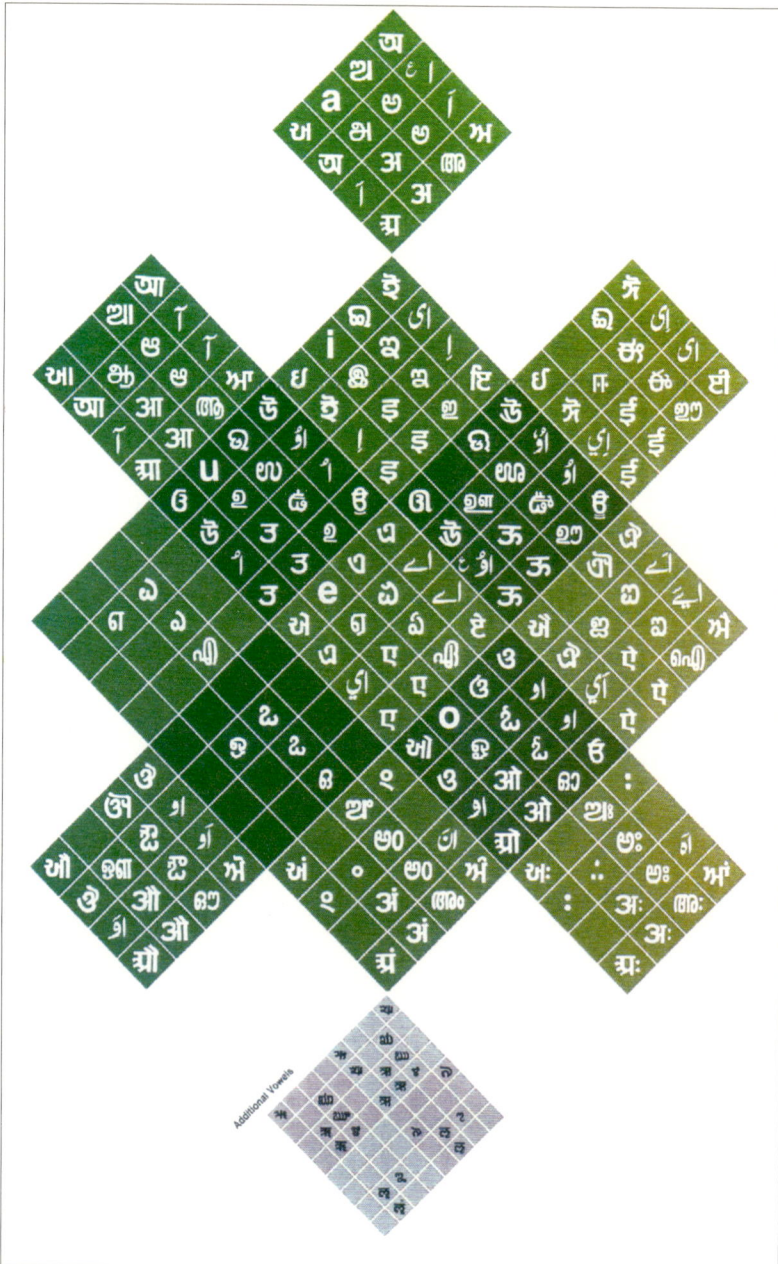

R.K. 乔希 R.K.Joshi

文字是音声，是波动。以宇宙般的感性揭示书的本质……

Additional Vowels

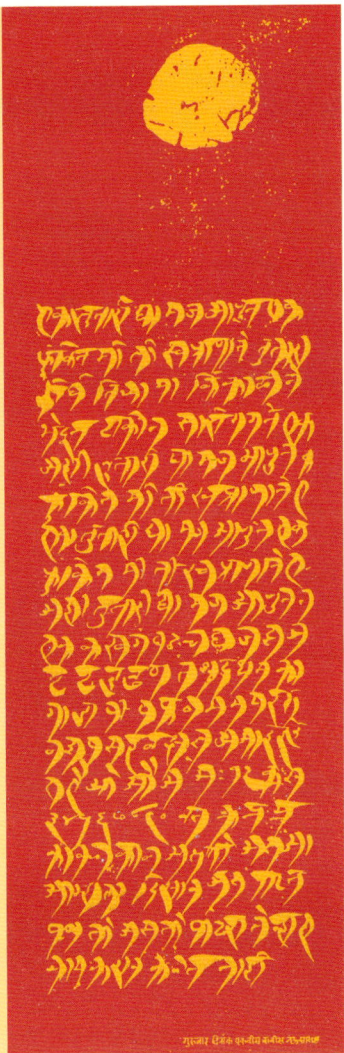

左——「Suara · Kurma · avatara」（神龟库尔玛化身）印度各种语言的元音排列在龟背上。文字编排设计。海报。设计＝乔希。孟买，1982年。

右——「小号」。马拉蒂语诗人、卡比·坎夏比斯的诗节选。「小号吹响，划破世界，刺破太空」，以使人联想到小号的震颤音的天城文字书体的书法表现。乔希书。

中——「巡礼之地不过是河流沙滩，神就住在善良人的心坎」。17世纪西印度圣者特卡拉姆的诗节选。以书法表现诗的前半句和后半句形成的对照。乔希书。

柯蒂·特里维迪 Kirti Trivedi

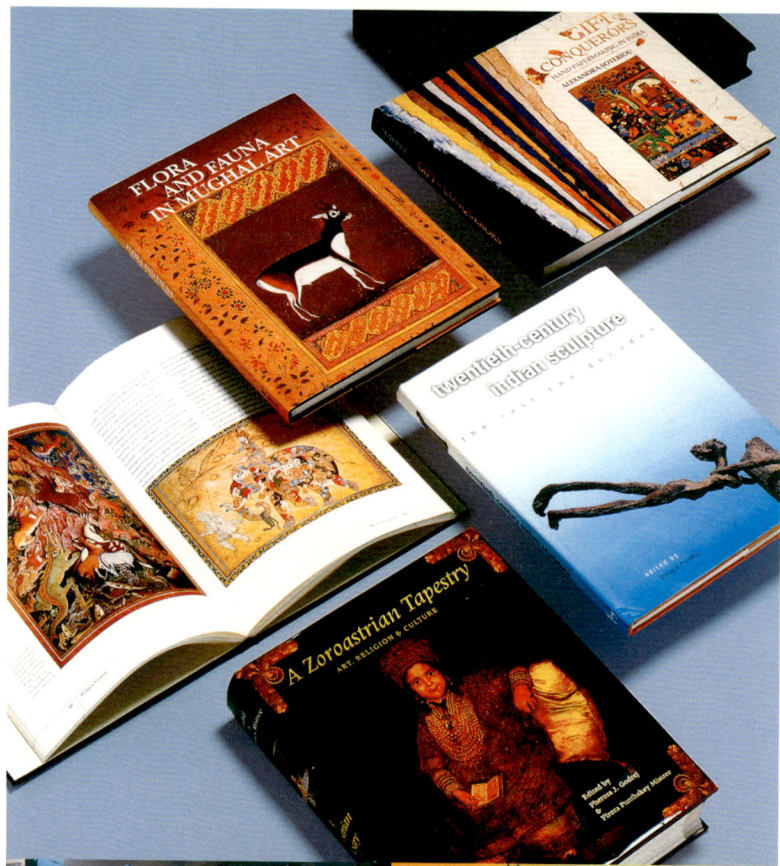

印度古代造型哲学与现代设计理念的结合

右上—选自书籍设计作品。

右下—K·Yan「知识的代步器」之意）小型媒体中心。「一机多用的集体学习用器材。为了使一般人能够得到IT带来的实惠而设计，集电脑功能与电视、DVD、VCD、CD等于一身，便于携带，还可以用于300英寸大屏幕。策划·设计＝柯蒂·特里维迪。

左下—印度哲学家、社会运动家维奴巴·巴维（Vinoba Bhave）的人生与哲学常设展。展览经过精心策划，让观者能够追溯维奴巴为穷苦人鞠躬尽瘁的人生轨迹。沃尔塔（Wardha）地区，戈普里（Gopuri）市。陈列设计＝柯蒂·特里维迪。

303页—「Eksharamuraj-bandha」。吟诵时间有像印度打击乐姆拉鸠（muraj）的「mmmmm」打击音响视频，意思为一体的梵文绘画诗传统（追溯到2世纪）制作的文字编排设计海报。设计＝柯蒂·特里维迪。2001年。

एकाक्षरप्रबन्ध

गजाननध्याननवीननर्तनं अनन्तपानं गणनन्दिमानदम् ।
इनं गुह्यानन्दघनं शिवोन्नतं पञ्चाननं ज्ञाननदीननं नमः ॥

从「无形」到「有形」

柯蒂·特里维迪 × 杉浦康平

　　柯蒂·特里维迪(Kirti Trivedi)是印度的工业设计师、平面设计师及印度图像研究家。作为印度或亚洲圈代表，他被邀请出席在世界各地举办的有关设计、造型的文化会议。继承其父(曾任圣雄甘地秘书)的品节，坚持实践、恪守"清贫思想"，他的高洁情操及其在印度传统基础之上深化的精湛设计理论，为人们敬重和钦仰。他还积极从事介绍印度和亚洲各国的传统文化，以及现代艺术的书籍设计、编辑。为了普及IT技术使公众受惠，他开发了划时代的集体学习用音响视听多用机"K-Yan"，展现了一个工业设计师的才华。这个设计的构思和它的性价比，在印度以及各国都得到好评，正在迅速普及。——杉浦

अभिकल्प

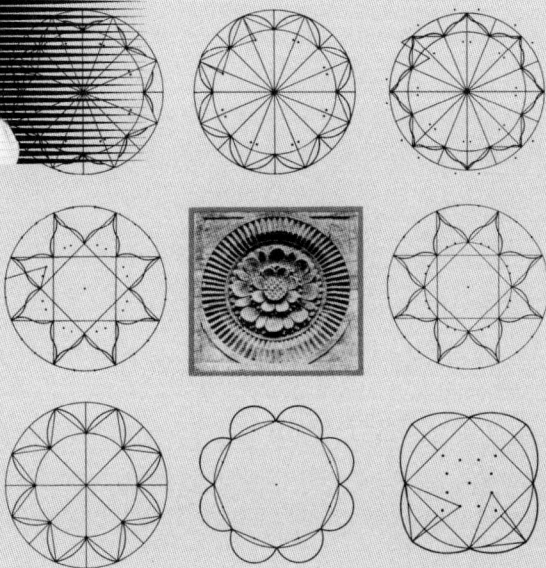

为建设莲花状祭火坛用图解。载于 *Mandapa Kunda Siddhi*。见特里维迪编辑 IDC 的月刊 *Abhikalpa* 第三期(1986)。

对印度传统文化及其丰饶的觉醒

杉 柯蒂·特里维迪先生是1980年底到日本来研修的，在日本的九个月中，有六个月是在我的事务所度过的。

正是在那个时候，我和同僚受国际交流基金委托，要策划组织"亚洲假面具展"→①。由亚洲各国送来各自的假面具，我们来组织展出。假面具大多数以印度神话为主题。于是我向柯蒂提出关于印度诸神和神话这样那样的问题。

然而你也有很多不清楚，说去问你的哥哥。令尊是印度独立之父、圣雄甘地的秘书，一个有婆罗门教养的家庭。所以令尊与令兄熟知印度神话和传统。令兄立即回答我们的问题，还收集了印度诸神的画像给我们寄来。柯蒂自己也被唤醒了儿时的记忆，终于制作出非常精致的印度诸神系谱。

这个图谱我们也参与修订，最后把它刊登在"亚洲假面具展"图录上→③。这是在日本首个，恐怕在世界上也是第一个有关印度教诸神的系谱。图的一部分还收进平凡社的百科事典。

我及我的事务所和柯蒂就是这样与印

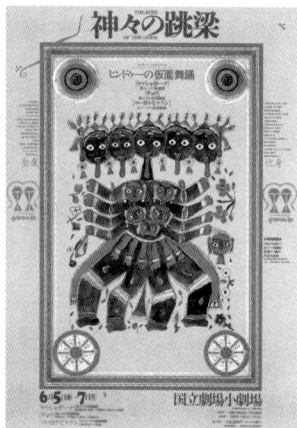

①

①——"诸神的舞蹈——亚洲假面具展"的设计。主办＝国际交流基金。设计＝杉浦康平＋赤崎正一等。1981年。

②——戴上克里希纳(Krisna)天神的印度孟加拉邦普如里亚(Puruliya)的"面具"(Chhau)舞面具舞蹈的印度孟加拉邦普如里亚者。

度文化结下了不解之缘的。当然，在那以前我对印度也多少知道一点，但是柯蒂来到事务所，一下子拉近了与印度文化的距离。通过平常的交谈，我对亚洲增加了多角度的了解。

柯蒂回到印度后，自己也对印度的传统文化领悟得更深，现已在印度传统文化和传统的造型语法上，形成了独到的精辟见解。今天我想以这些话题为中心，围绕"印度传统文化中造型的意义、造型语法"好好向你请教一下。

柯 请允许我说几句1981年在先生事务所时的事。那年去看应国际交流基金邀请访日的假面具剧《雅克夏甘纳》（*Yakshagana*）→②的时候，先生问我许多问题，我几乎都答不上来。我是在英国受的教育，教育背景非常西化，认定印

②

創造の神ブラフマー

四面を持ち、日本では梵天と
称せられる。右側は
サラスヴァティーで日本の
弁才天。

制造

ブラフマー(梵天)

★ サラスヴァティー ●
（弁才天）
学問の神、文字の女神

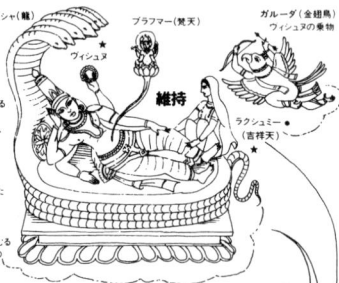

ヴィシュヌとその化身

ヴィシュヌと仏界とを
結ぶもの、それがかれの化身である
それらは順に魚、亀、猪、人獅子、
矮人、パラシュラーマ、ラーマ王子、
クリシュナ、仏陀、そして
カルキである。その中、
仏陀は仏教の開祖であり、カルキは
未来に世界を救済する化身である
この十の化身のうち獅子を除いた
前四者はヴェーダを起源とする
ヴィシュヌの右は金翅鳥
世界の太初、ヴィシュヌは
乳海の底でシェーシャ竜の上にねむる
その臍からは蓮華が生じ、その蓮華の
花中にブラフマーが生ずる

シェーシャ(竜)　　ブラフマー(梵天)
ヴィシュヌ
ガルーダ(金翅鳥)
ヴィシュヌの乗物
★ ラクシュミー ●
（吉祥天）

❶ナラシンハ(人獅子)
❷ヴァラーハ(猪)
❺ヴァーマナ(矮人)
❸クールマ(亀)
❹マツヤ(魚)

十化身

ラーマ

ラーマ王子とシーター妃は
『ラーマーヤナ』の主人公。
右はかれを助ける神猿ハヌマン
その下は悪鬼ラーヴァナ

ハヌマット(牙を持つもの)
（聖猿）

❻パラシュラーマ
（斧を持ったラーマ）

● ラーマ＋シーター ●

ラーヴァナ(悪魔)

❼ラーマ＋シーター ●

❽クリシュナ

クリシュナ

クリシュナは『マハーバーラタ』の
英雄の一人。下は
恋人ラーダーと牧女。

❾ブッダ(仏陀)

ラーダー（クリシュナの恋人）●

❿カルキ(未来の化身)

シヴァ神およびその一族

上中央左がシヴァ神で、
頭には聖河ガンジスを受け、
身体には蛇がまつわりつき、
虎の皮の上に坐す。足もとには
三叉の鉾がある。右には
神妃パールヴァティー（ヒマーラヤの
娘)が座し、シヴァの
左にはカールティケーヤおよび
ガネーシャという、シヴァ神の子が
配されている。

その下部には
コスミック・ダンスを踊る
ナタラージャ、パシュパティという
シヴァ神の他相相が配され、
一方にはウマー、ドゥルガー、
カーリーというパールヴァティーの
姿が見られる。このうち
ドゥルガーやカーリーは
ヒンドゥー教のタントラの
宗教において特に重要である。

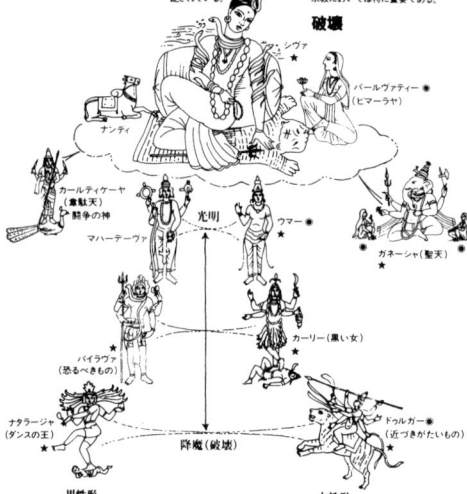

破壊

シヴァ
★ パールヴァティー ●
（ヒマーラヤ）
ナンディ

カールティケーヤ
（韋駄天）
闘争の神

光明

マハーデーヴァ

ウマー

★ ガネーシャ(聖天)

バイラヴァ
（恐るべきもの）

カーリー(黒い女)

ナタラージャ
（ダンスの王）

ドゥルガー
（近づきがたいもの）

降魔(破壊)

男性形　　　　　　　　女性形

③

308

③──印度诸神系谱。表明梵天、毗
湿奴、湿婆大神及其变化神的关
系。制图＝杉浦康平＋柯蒂・特
里维迪＋渡边富士雄。1981年。摘
自《世界大百科事典》，平凡
社。

度的文化落后于时代了；英国的事知道很多，而印度的事却一窍不通。我渐渐地痛感到，自己对亚洲以及亚洲文化竟然一无所知。

当先生问"这是什么意思？"时，我回答"只是简单的装饰吧"，结果马上遭到先生的否定："亚洲的文化中不存在无意义的装饰"。一语千钧，如醍醐灌顶，我学到了看问题的新方法。

杉 我的事务所里有大量的书籍和资料。我曾出题让你用这些资料研究一下"日本的纹章"。

柯 是的。我醒悟到要搞研究，首先进行基本的分类十分重要，几千种日本的纹章也可以分门别类。至今我仍恪守您在研修结束时对我的两点忠告。一是"要关注印度和亚洲。印度和亚洲值得发掘的瑰宝堆积如山"。二是"睁大眼睛，一只眼看过去，一只眼看现在，还有一只眼看未来"。

杉 好像湿婆大神的三只眼哪……→④（笑）

④

④ 有三只眼的湿婆大神。三只眼有日、月、火的光芒，可以看过去、现在和未来的时间流。印度细密画。18世纪。

柯 正是。我郑重地接受了先生的忠告，回到印度后用了一年时间到印度各地旅行，接触到各个场面的文化，直接得到见闻，对自己进行了一番再教育。对我来说那是重新受教育，学习印度文化的一年。

我在伦敦留学的皇家艺术学院(Royal College of Art，简称RCA)被誉为世界顶尖的设计专科学校。我感觉在那里学到了很多设计知识，然而当我把目光转向亚洲的设计时，发现它比我在RCA学到的不知要伟大多少倍。

杉 决心做的事就立即付诸实践，到印度各地走访，用自己的眼睛和身体直接体验……这正是柯蒂了不起的地方，我很佩服→⑤。

其实在见到柯蒂以前，我就认识你的老师苏达卡尔·纳多卡鲁尼。苏达先生(我们这样称呼他)毕业于德国的乌尔姆造型大学，他在乌尔姆大学学习期间我正好去做客座教授。我们每天都要热烈讨论何谓亚洲，何谓印度文化，我们应该做什么……他回到印度以后，重新认识了印度的博大精深。他开始以自己的方式审视印度的过去、现在和未来，并要改革他所在的IIT(印度工科大学)下属IDC(工业设计中心)的内部机制。那是上个世纪70年代初的事了。这时在他培养的优秀设计师中发现了柯蒂，便决定派你到杉

⑤——「印度、印度教寺院的建筑物细节中潜藏着数不清的三维分形(fractal)结构无限增殖的重复结构阐释着一种象征意义。」引自特里维迪的论文 *Hindu TemplesModels of a Fractal Universe* 1989。

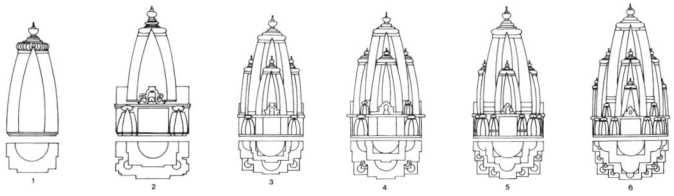

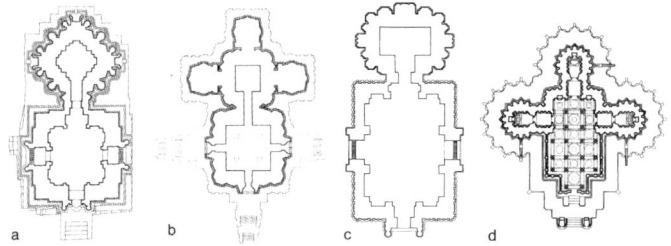

浦那里学习。

　　首先有苏达先生灵敏的嗅觉，或者说洞察未来的犀利目光和感知。其结果在柯蒂的灵魂深处引发了惊人的意识变革……我想正是这两个人的觉醒，在印度的设计界掀起一股巨大的潜流。

与《造型艺术奥义》的相遇

柯　我通过自己的经验感到，西方的设计教育教的是制作"可视的东西"，而亚洲传统的设计教育教的是制作"不可视的东西"。这是东西方传统的巨大差异。伦敦的皇家艺术学校根本不存在将不可视的东西视觉化的方法论。

　　于是，我开始下大力气尽量收集有关印度造型艺术的典籍——例如为雕像、建筑而著的教科书《造型艺术集释》（*Vastu-Sastra*）。印度有2000年以上造型艺术的传统，即根据

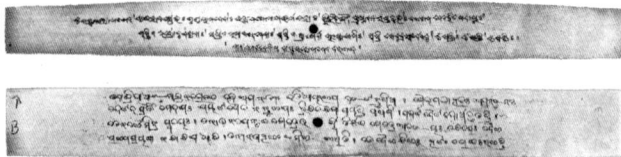

⑥

⑥—《造型艺术奥义》贝叶经抄本（18世纪。上为其第一页。

现成的规则建造雕像的传统。我花了很大的功夫去理解这个传统。然而《造型艺术集释》这类教材的缺点是，虽然告诉你应该做什么，但是没有为什么要这样做的解释。对于艺术家来说它就如一部制作说明，而不涉及任何哲学。在这一点上《造型艺术奥义》(*Vāstusūtra Upanisad*)这本前几年刚出版的书，对我来说是重大发现。这部从奥里萨出土的古老抄本→⑥由萨达希瓦·R. 萨尔玛(Sadasiva Rath Sarma)解读，艾利斯·博纳(Alice Boner)注释和解说，于1982年出版。与这本书的相遇使我对设计的想法发生了彻底转变。

杉 "Sūtra" 一词一般指用梵语或帕利(pli)语写的经典。《造型艺术奥义》里面到底说了些什么？

柯 它是用经典的形式记述神圣标志的造型应该如何建造。"Sūtra" 言简意赅，记载的是无论在什么情况、什么时代都适用，在任何国家都能够以普遍的形式操作的内容。一般只是一两句话，即内容高度精练的一两句短语。

《造型艺术奥义》的原著分为六章，但只有两页的篇幅。

"upanisad" 有 "近坐" 的意思，寓意师生对坐所传的秘密教义。"Vāstusūtra" 就是师生在一起探讨怎样制作神的形象(雕像)。然而它的内容不仅限于雕像，还适用于任何设计。

例如有这样的一节，"无论任何形象，都是为了表达某一特定的意义而做"(VSU2.1)。看到这一句时，先生对我说"亚洲没有无意义的装饰"的情景历历在目。万物万类都有其意义，我深刻地理解了这个道理，哪怕是装饰，既然放置于此就有它存在的意义，没有为了装饰的装饰。

杉 这一节切中"创造形"、"造型"的要义。大约写于两千年前吧？

柯 是一千七百年前。

杉 在这本经典之前，哪怕不是教材，也一定有许多口头传承的手艺以及与造型有关的语法了吧？现在能看到的最早的教材就是这部《造型艺术奥义》吗？

柯 其他还有许多古老的教材，有些也包括了论述设计的章节。然而这本《造型艺术奥义》的特色是专门论述设计的。

杉 你能把《造型艺术奥义》（Vāstusūtra）的"Vāstu"也解释一下吗？

柯 "Vastu"与"Vāstu"是关系密切的两个词。短 a 的"Vastu"意即"基本的本质、实体"，长 a 的"Vāstu"意味着我们制作的构造物，雕刻或建筑。"Vāstu"源自"Vastu"，即

निर्दिष्टार्थकप्रतिमा¹ ग्राह्या ॥ १ ॥

VSU2.1: An image should be envisaged to express a specified meaning.

《造型艺术奥义》的引用文出处：A.Boner ed., Vāstūsūtra Upaniṣad: The Essence of Form in Sacred Art.

वृत्तज्ञानं रेखाज्ञानं च यो जानाति स स्थापक: ॥ ४ ॥

VSU1.4: Who has the knowledge of circle and line is a sthāpaka.

万物都是从"Vastu"这个基本物质中产生的。

无论制作什么,我们首先要寻找造型的语汇,然后构筑语法,进而创造语言,再实际投入制作。

有一节是"能够理解线与圆者,即能够制作某物"(VSU1.4)。您注意到"能够理解者"这句话了吧?这不仅是知道"如何画线"的技巧,而是"能理解线与圆本质的人"才能创造精彩的造型之意。

线有不同的性质。"垂直线为火,水平线为水,斜线为风"(VSU2.21)。"认识线的本质,即可以理解一切"(VSU2.26)。垂直线、水平线、斜线的组合,产生三角形、方形、圆形。线通过相互作用,可以表现意思。

杉 火与垂直线,水与水平线,风与斜线……仿佛宇宙元素的形象凸现于眼前。

于"无形"中产生形

杉 这个经典只有寥寥数语,假如用梵语表现究竟可以简

उत्थितरेखा^¹ अग्निनिरूपाः पार्श्ववंगा^¹ अब्बरूपाः, तिर्यग्रेखा मरुद्रूपा इति ॥ २१ ॥

VSU2.21: Vertical lines have the nature of fire, horizontal lines have the nature of water, diagonal lines have the nature of wind (māruta).

रेखाज्ञानं सर्वमिति ज्ञेयम् ॥ २६ ॥

VSU2.26: The knowledge of the line is to be known as all-comprehensive.

洁到什么程度呢？

柯 例如有这样的教义："深刻的理解产生形象"(VSU4.1)
和"于无形中产生形"(VSU5.21)。这两个简短的教义凝练地
表现了"刻石之前需意在胸间"，"意象形成并呈于眼前，即
得镌于石"。"深刻的理解产生形象"，即造型之际，首先需
要深刻理解所要创造之物的现象，说白了即收集信息，在彻
底理解的基础上着手形象的制作。这就是"于无形中产生
形"。例如愤怒、悲伤之类的感情，或者时间、流动等现象，
假设必须制作这些"无形"的意象，为了将"无形之物"化
作可视的形，就必须理解"无形之物"的性质。要创造"时
间"的意象，就必须理解"时间"的性质，于是借助具体描
述"时间"的记述，就"时间"是什么进行思考。不妨来关
注一下湿婆神形象中出现的"时间"的描写。"时间"的性
质之一，即它永流不居。湿婆神的形象中表示"流动"的要
素太多了，湿婆神头上的新月和从头顶直落下来的恒河水等
都是→⑦，表现无时无刻不在流动的时间，一切都在变化，
没有事物停滞不前……

प्रतीतात् प्रतीकः७ ॥ १ ॥
VSU4.1: From the realization comes the symbol.

अरूपाद्रूपं तस्य फलम् ॥ २१ ॥
VSU5.21: From the formless arises form, that is the result.

杉 新月或从头顶上流淌下来的水，来自"时间"和"流动"的意象……如此说来，将世界引向灭亡的湿婆神的舞蹈(当陀婆 tandava)也是"时间"的表现哪。不过关于湿婆神，还有许许多多的神话、记载啊，而且这些记载因神话的种类和时代而不同吧？

柯 神话在这里并不重要，重要的是湿婆神具备什么特性，这些内容都写在为冥想用的教材中。冥想的第一步就是对各个神

⑦

⑧

⑦—天界的恒河水从头饰一弯新月的发辫直流而下的湿婆神，颈缠蛇项圈，腰系虎皮，被描绘成瑜珈行者的形象。印度，当代绘画。

⑧—四手持轮宝、法螺、权杖、莲花的毗湿奴神。印度，当代绘画。

进行思考。冥想的是神的属性、性格，而不是神话。

杉 关于湿婆神的属性和性格，已经有好几本大厚书了吧？

柯 何止是厚，讲到的是大宁宙啊。例如毗湿奴神有几千个属性，因为太复杂，所以需要许多记述。一个记述表示一种属性，湿婆神也是如此。

杉 必须从众多的记述中准确抽取需要把捉的要素，怎样做出选择呢？

柯 按照印度教哲学，也许神与女神看似多如牛毛，实际上那只不过是表明宇宙现象和物质存在的方式。它毫不讳言湿婆→⑦或毗湿奴→⑧这些神实际上并不存在，为了表现宇宙、秩序这些概念，我们权且赋之以神的名字。例如毗湿奴神，根据印度教的图像学是表示"宇宙的秩序"。在印度教哲学上，"宇宙的秩序"被视为流动、循环、自我发展、自我校正的，具有空间与时间的两个属性。为了表现这些特质，派生出毗湿奴神的种种图像。

最普通的是长四只手，每只手各持轮宝、法螺、权杖、莲花的形象→⑧。轮宝即高速旋转的太阳轮宝，表示宇宙现象及其过程按照一定间隔周而复始的循环性；法螺象征有机体的成长过程和进化；权杖表示宇宙秩序进行自我校正；莲花及其开放表示宇宙性存在的空间和时间的侧面。

> **杉** 在发展中不断校正的时间与空间，持续流动和变化的"宇宙秩序"。那是由毗湿奴神的轮宝、法螺、权杖、莲花来造型……原来以湿婆神、毗湿奴神为首的诸神的形象承载着世间万物千变万化的运动。而那只不过表现了一个宇宙、一个大的存在的某个瞬间而已。
>
> 刚才你说到要就许多记述进行冥想，通过意识的明了，达到深刻理解。

柯 是啊。这里的冥想不是针对自己的冥想，而是对记述进行冥想。冥想的目的是能完全理解记述。

网格系统赋予空间以意义

> **杉** 我想再回到"于无形中产生形"的顺序上，"冥想"之后做什么呢？

柯 对你要表现的现象进行冥想，即研读相关记述并凝思，

于是心中浮现出清晰的形象。心眼能看
见想造之物的形象。形象明确以后，必
须把它移至石材上。为此要做的第一步
是在雕凿形象的位置打网格（Grid）。

《造型艺术奥义》反复强调"打网格
是最重要的工作"→⑨⑩，"决不能越格"，
"越格制作形象，等于断送形象"……制
作规范的网格是关键的关键。

杉 你说的网格是指正方
形的格子吗？或者也可以有
2×3那种长方形网格？

柯 网格不一定是正方形的。比例尺
的比例不一，也有长方形的时候，这要
根据空间分布的意义进行分割。选定网
格形式的瞬间，规范这个空间的各种性
格便显现出来。

杉 根据要传达的意思，
网格的面积或角度有所不
同。就是说不必一定要均等
分割？

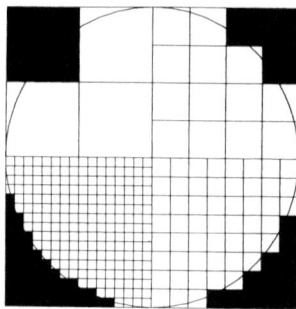

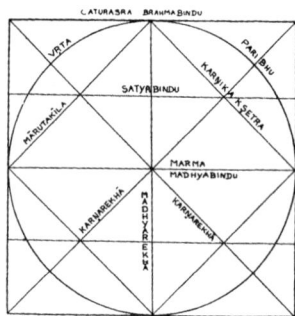

⑨

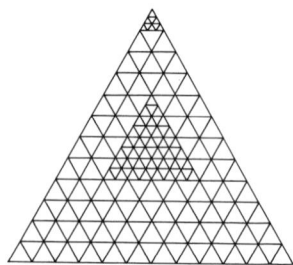

⑨——以四边形、圆形和三角形为
基础的网格结构，用来创造神像
及神圣空间。出处：《造型艺术
奥义》。

320

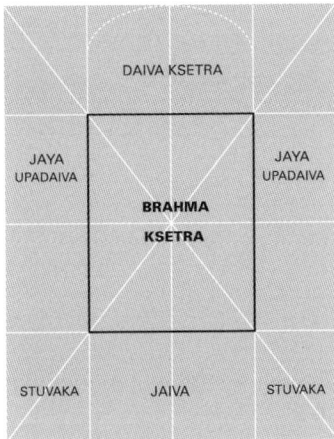

	DAIVA KSETRA	
JAYA UPADAIVA	BRAHMA KSETRA	JAYA UPADAIVA
STUVAKA	JAIVA	STUVAKA

⑩

柯 我在读到《造型艺术奥义》之前也认为，网格是规范物理性空间的手法，一种循规蹈矩的整理信息的方法。然而，这里所说的是另一种意义的网格。《造型艺术奥义》中的网格不是物理意义的，而是空间意义的。

实际上，据以"Panchratra"教义著称的、讲述动态现实主义的印度哲学古典 *Pausukara Samhita* 称，网格可以为三角形、四边形和圆形的任意形。网格是改变规格再创造的方法。只要构建一个分割空间，规定其相关关系的组织即可……一般是以纵、横线的组合，制作正方形或长方形的网格。因为实际摹写时这是最容易的，所以最常用，当然其他形也可以。

杉 不仅有正方形、长方形，还可以有三角形或圆形。*Pausukara Samhita* 记述网格的思路如此自由，

⑪

⑩——《造型艺术奥义》阐述的十六分割的网格。中央的四个部分，被称为「梵天福田」（Brahma ksetra）。

⑪——基于网格造像的神像「公猪瓦拉哈」（Varaha，化为公猪从洪水中拯救大地的毗湿奴神）。

思维方式如此无拘束，令人惊叹。

网格是产生形象的根基，即基础吧。我们在平时的设计中使用的"Grid"概念，译成"网格"，是基于 X 轴、Y 轴的平面概念。是进行平面设计时，用于纸的平面布局或文字编排设计的布置上，产生规则性秩序的手法。然而，*Pausukara Samhita* 中网格的定义恐怕不是在纸上描绘形象的二维概念，而是意图把捉建筑空间之类三维空间以及加入时间的四维空间的动态概念吧。

柯 传统的神的形象全部是基于这种网格制作的→⑩⑪。正如《造型艺术奥义》所说，最受欢迎的是由十六个部分组成的网格，中央的四部分领域是最重要的空间，称为"梵天福田"（Brahma ksetra，也叫"梵天生地"[Brahma Sthana]），是主尊显现的位置，左下是最低级阶层的位置。根据网格的阶层分配的形象，表明其相对的重要性。

与此关联的是，根据存在的重要性，以不同规格的形象来表示的思考方法，就是将主要神祇以大尺寸制作。所有的存在本来都有各自不变的规格→⑫，这不是物理性规格，而是基于其在阶层中存在的重要性的尺度。当这个网格与规格系统结合，便形成存在的重要性与尺度的相关图。

从一到十，共有十级尺度。高位的诸神——湿婆、毗湿

⑫—《造型艺术奥义》所说的诸神的尺度「阇拉玛那」。十个档次的尺度暗示着诸神的重要程度。制图＝特里维迪。

Dasa Tala (10)　Nava Tala (9)　Ashta Tala (8)　Sapta Tala (7)

奴及其化身，用"十"级的尺度，画得最大；虽然大象的实际尺寸比马大，但是它比马的排序靠后，所以画得小；人位于正中，尺度为"六"。虽然人比马要小，但是比马重要，所以画得大。

这个尺度系统叫"闳拉玛那"(Talamana)，"闳拉"(Tala)是节奏，"玛那"(mana)即尺度。这是根据其内在的重要性而不是实际大小造形造物的手法。在这种情况下最高位也是"十"，最低位是"一"，各个尺度又分为"高位"、"中位"和"低位"的三个档次，总共有三十个尺度。例如"乌塔玛·达沙·闳拉"(uttama dasha tala，达沙[dasha]为十)，即"至尊的十"，是梵天、湿婆、毗湿奴三大神的尺度。制作形象时，每个对象使用什么尺度，已经约定俗成。

杉 对于"至尊的十"的神，是否有涉及细节的比例尺？类似规范细节的网格……

柯 有三档。例如"九"的尺度中，有专门为此制作的刻度，尺度不同，刻度也相应改变。如果只制作一个形象，有一个刻度就行了，某个形象如果由几个要素构成的话，就要选择适合各个要素的尺度，使用在那个领域适用于那个尺度的刻度。

例如佛陀的雕像是用尺度"十"的刻度来雕凿，然而如

Shat Tala (6)　　Pancha Tala (5)　　Chatus Tala (4)　　Tri Tala (3)　　Dvi Tala (2)　　Ek Tala (1)

⑫

果在同一个雕像中大象也作为构成要素，就要使用属于大象的低位尺度，并使用适合该尺度的刻度雕凿。

肚脐，宇宙秩序的中心点

杉 所有的神的形象中都有叫做"梵天福田"的中心点吗？

柯 是的，即被称为"肚脐"的中心点。在制作某形象的时候，找到这个中心点至关重要。在制作人像的时候，肚脐不偏不倚正是中心点。

杉 按照解说寺院建筑法的《造像曼荼罗》(*Vastu Purusha Mandala*)所说，是在一个"卧于大地的巨神"——土地神身上起高楼。这个土地神的肚脐部分，一定就是"梵天福田"吧→⑬？

柯 无论任何地方、任何阶层的所在都有形成核心的场——梵天福田。哪怕是这个房间，这张桌子，这座房子……按照《造型艺术奥义》的概念，这个中心点是不能碰的。

杉 所有的部分都用到这个网格，而且所有部分都有"梵天福田"。任何形象都根据宇宙的秩序或神话的秩序拥有其中心，诸神的形象以该中心为依据或扩大或缩小……

柯 这些教材告诉人们哪个神的形象用哪种网格、哪个尺度……因为使用的是根据它指示的特别比例，所以最高位神看上去也是最为崇高、气度不凡的，保证神的面容像神而不像人。上面还有表示所有比例尺的插图，对正面、侧面、高度、宽度、纵深、圆周等都做了具体描述→⑮⑯。

杉 这种诸神形象的造型手法，又直接在中国西藏或其他地方佛造像法上以近似的手法继承了下来→⑰⑱，比如侍立于阿弥陀如来两侧的观音、势至两菩萨做得略小一些。佛祇们的比例尺或尊颜的绘制法，甚至是手指比例的制图法都要讲究用缜密的网格，这些见诸于《造像度量经》→⑰这部经典。然而这些制图法却给人一种感觉，似乎制作比例尺的戒条是为了用它束缚人的手脚，刚才你介绍《造型艺术奥义》

⑬

⑭

⑬——《造像曼荼罗》(Vastu Purusha Mandala)。镇住伏于大地的土地神的方形曼荼罗。于9×9的格子中间〔九格〕招请梵天神，其周围环绕以与太阳运行有关的四神。外围招请包括方位神在内的三十二神，以镇住土地神、净化寺庙建立的场。

⑭——网格决定了寺院的大殿、配殿各部的造型。

326

⑮

的网格的活力和跃动完全不见了踪影……然而，印度寺院空间的分割法以及设置"梵天福田"的想法，与护符(Yantra)或曼荼罗图形的制图法紧密相连。世界的中心有"肚脐"，一切力量由此源源流淌。将这种涌动的活力排列于空间，即生曼荼罗或护符。中心流荡着梵天及沙克蒂(Shakti，性力)的力量。从你刚才的一席话中非常清楚，所有这些造型的背后都潜藏着"深刻的理解产生造型"和"于无形中产生形"的造型语法、网格的活力。

⑯

创造秩序即造神

柯 以前我在马德拉斯(Madras)曾给您介绍过伽纳巴蒂·萨帕迪(Ganapati Sthapati)先生。萨帕迪本来是寺院建筑师、雕刻家、哲学家。我觉得他已经是悟者……他在著作《谁创造了神？科学的探讨》中指出，"依固有尺度制作出的形象具有神之灵力，

⑮——印度诸神的造像法。身体各部位根据与诸神特征对应的节奏尺度阅拉玛那而制。阅拉玛那的单位以手指宽度或八粒麦宽度而定。右上为毗湿奴神，左上是象头迦尼萨神，左下为纳塔拉迦(Nataraja，跳可以毁灭宇宙舞蹈的湿婆神）。右下为面部的造像法。引自伽纳巴蒂·萨帕迪的研究。

⑯——基于造像法制作的毗湿奴神图像与铜像。维护世界和平的毗湿奴神，两手持轮宝和法螺。

其自身放射光芒"。

我刚到日本时，曾经有两次机会目睹具有神的灵力发出光芒之物。第一次是去东京的书店时，我一点儿日语也不懂，但是只有杉浦康平这几个汉字能够识别，我在书架上看到一本觉得充满力量的书便拿出来，上面写着我唯一认识的汉字——杉浦康平，原来是先生设计的书。

第二次是在大阪民族学博物馆工作的两个月期间，发现展品中既有生机勃发的，也有死气沉沉的。我想生机勃发的一定就是按照固有尺度制作的，它拥有自身的光芒。

萨帕迪还说，"神即秩序。创造秩序即造神，这样造出来的神具有圣性之光辉"，这是非常重要的真实。

泰米尔的传统格言中有同样的说法，"凡从建筑的空间、雕刻的造型、舞蹈的肌体、诗的语言、音乐的音声、数

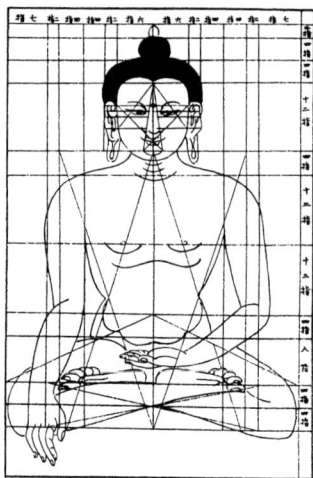

⑰

328

学的思考中发现秩序与节奏的人，其时，他即触及了自己内心宇宙的神明"。

杉 拥有内在秩序者，造型的比例尺、各种艺术的节奏与秩序，其本身即神祇……讲得太精彩了。

"根据尺度制作"时的"尺度"，不是单纯的尺度，不是丈量身高的普通的尺，而是指具有衡量内在意义和宇宙之力的尺度啊。

柯 正是。这里的尺度不是仅仅指高度、宽度、厚度这些尺寸。它超越了量。

例如它也适用于音乐，某个音乐比其他音乐具有更高的尺度。如果能够准确地把握某个形象的尺度，就能够制作出与原创具有同样力量的形象。

杉 那是神圣的属性，它牢牢抓住了内在蕴涵的力量。印度人有一种看破生命内力之功。你们一定能看见如灵光般的东西吧？

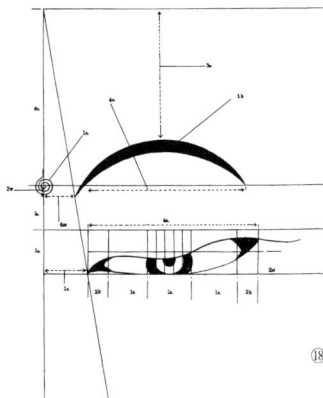

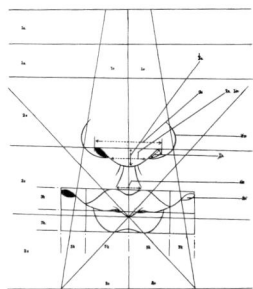

⑱

⑰—传到中国的佛像造像法。从藏语翻译过来的《造像度量经》于清代出版。上为释迦像，下为佛母与明王(愤怒像)的制图法。以指宽为单位表示。

⑱—从印度传人的藏传佛教的佛像造像法。指示佛尊颜的「眼」和「鼻」比例的制图法。

意思产生其自身的造型

杉 "于无形中产生形"。你对深奥的印度造型语法做了很多说明，那么如何在现代社会或作品中体现这些传统的造型语法呢？

柯 对我来说，现在做论述设计思想的工作多于设计工作，所以我在IDC的教学法上尽量反映这些观点。

杉 能谈得具体一些吗？

柯 坦白说，《造型艺术奥义》彻底改变了我的设计教学法。在遇到这本书之前，我教的正是看得见的形的设计。我出题，学生们会不大动脑子地做出外形美观的作品。就是那种不动脑筋从而也可以做得好看的课题。

然而，基于《造型艺术奥义》的设

计手法，百分之八十是思考过程。冥思苦索的结果，形自然显现。不是我们"设计"，而是通过冥想"形自然呈现"。

杉 思索冥想，形便应运而生。你能把这个设计过程详细说明一下吗？

柯 《造型艺术奥义》的方法程序是创造象征性形象，即有意的形象。所以首先思考你要传达的意思，充分理解所要表现的形，而后踏踏实实地冥想→⑲。比如我想传达"愤怒"，愤怒是无形的，然而我对愤怒的性质冥想，将其性质投影到网格结构的场中，便出现一个形象，之后补充细节。细节充实了，形象便生动了。准确到位的理解，能产生强有力的形象。形象经过这个过程自然生成。

假设装帧设计一位愤世嫉俗的诗人的书，诗人的诗充满暴力和愤怒。我会思索诗的意象，否则我顶多随便选择一种文字编排设计，装帧成一本重视视觉效果、从众而华美的书。

在我教授的班级，讨论是最重要的，百分之八十的时间用在讨论创意上。假设要制作IIT（Indian Institute of Technology）的标志，首先深入思索IIT的意义，将标志必须体现的全部性质(属性)一条一条拉出清单。想在标志中反映什么"技术"？是先进技术？还是适当的技术？"Indian"（印度的）意味着什么？"Institute"（学院）是以什么为特征的地方？就这些展开彻底的讨论，制作各种属性的核对清单。在这一过程中，头脑中自然涌现出各种形象，想传达什么越辩越明。清单非常重要，还可在各自做好象征标志后，用来核对、检查表达得是否准确到位。

这种做法一开始对学生的冲击很大。学习过商业艺术的学生们，一般遇到象征标志的题目，会不假思索地投入到造型之中。在进行种种尝试后，选择其中最受看的。这样的设计看上去好看，但是不传达任何意思。于是我指导学生充分体验赋予造型意义的过程。

这样学生能够说明自己选择的造型。任何造型必然为传达某种意思而作……既然如此，每个人都能说明自己的设计了。当需要向客户说明自己的设计意图时，这样做的好处就显出来了。

杉 经过深思熟虑，彻底剖析主题的属性，设计有意的形。这样的指导方法一定对学生的设计手法产生巨大的影响。

柯 学生经过这个过程，就不再做只是赶时髦或随波逐流、图个好看的设计了，因为主要目标变成怎样传达意思了。

而且他们也不再轻易使用"好看"啦、"好美"啦之类的赞美之辞。因为这是传达某种创意的交流，而不是美学。意思产生其自身的美学和自身的形。

理想的网格可以满足各种变形

杉 我完全理解了，只是还有一个疑问。听了刚才这番话，感觉与德国的乌尔姆造型大学推行的设计思想、设计程序如出一辙。分析对象，分类、整理所要传达的意思的属性进行编目，经过讨论加深理解以后，各人分头制作作品。这是将包豪斯[1]的流程现代化，并注入科学的分析法而建立的典型的乌尔姆方法啊。

印度传统的《造型艺术奥义》的设计方法与当今的乌尔姆方法究竟区别何在？

柯 乌尔姆追求的是普遍性设计和共同语言，而《造型艺术奥义》则致力于个性化、多样化设计。因为《造型艺术奥义》强调每一个人都是不同的存在，有不同的想法。

乌尔姆试图追求绝对、唯一的答案，而《造型艺术奥义》比如说告诉你有成千上万的毗湿奴神。学生每个人都可以制作自己的毗湿奴神像，可以说明它为什么是自己的毗湿奴神。这是最大的区别。

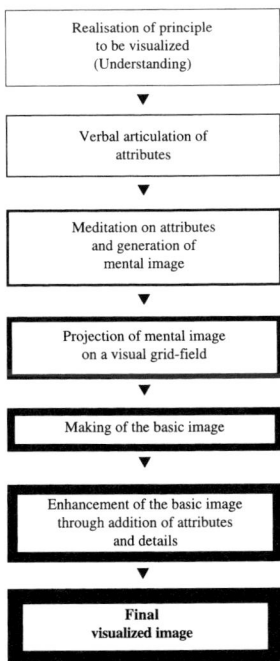

```
┌─────────────────────────┐
│ Realisation of principle │
│   to be visualized       │
│   (Understanding)        │
└─────────────────────────┘
            ▼
┌─────────────────────────┐
│ Verbal articulation of   │
│      attributes          │
└─────────────────────────┘
            ▼
┌─────────────────────────┐
│ Meditation on attributes │
│   and generation of      │
│     mental image         │
└─────────────────────────┘
            ▼
┌─────────────────────────┐
│ Projection of mental image│
│   on a visual grid-field  │
└─────────────────────────┘
            ▼
┌─────────────────────────┐
│  Making of the basic image│
└─────────────────────────┘
            ▼
┌─────────────────────────┐
│ Enhancement of the basic │
│ image through addition of │
│   attributes and details  │
└─────────────────────────┘
            ▼
┌─────────────────────────┐
│        Final             │
│   visualized image       │
└─────────────────────────┘
```
⑲

[19]—《造型艺术奥义》强调"于无形中产生形"的过程。引自特里维迪的论文《从无形到有形》(From Formless to form)，1994。

[1] Bauhaus，由德语「Hausbau」(房屋建筑)一词倒置而成，是20世纪20年代形成现代主义建筑设计重要派别，讲求建筑功能，技术和经济效益适应现代工业生产和生活需要。——译注

杉 即既为普遍性的设计仍反映个别性……另一个最大的区别是《造型艺术奥义》强调的网格吧。

柯 完全正确。《造型艺术奥义》反复强调"恪守网格"、"绝不得越格"。然而学生们听说"网格",就认为准是什么非常没劲的设计标准,于是我告诉他们,世间万事万物都有网格,没有不带网格的。

杉 正像你刚才所说,是与宇宙的规律吻合的网格。

柯 是的。例如印度的占星术表示的是时间性、空间性的网格→[20]。占星术会告诉你所处的方位,往哪个方向行进是凶是吉,哪个时间是好是坏。

若你所处的方位正确,是你应在的方位,运势则强,不在其位,运势则弱。如果你的敌人处于强势方位,你做什么也无济于事。

同样的情况也适用于设计。全部要素各得其所,整个设计就充满力量。

杉 然而,基于占星术的网格是受天体运动的影响,一刻不停地运动着的吧?制作形象时用的网格是否要留有一些变化的余地呢?

柯 是的。网格是为了进行某种创造而设定的结构上的规则,也包括为了产生各种变化的规则在内。实际上,也许看成是为了产生变化的工具也没错。对这一点最好理解的是印度的古典音乐。

古典音乐拉格(Raga)[2]即使每次都用新方法演唱,但万变不离其宗。网格可以产生更多的可能性,更丰富的变化。然而,学生们却把它看成简单的规则了。

杉 我以前就在琢磨,印度的细密画并不是用规则的矩形绘制的。垂直线、水平线都有些倾斜,建筑或窗户等是扭曲的,但一方面却又精致,有节奏,赏心悦目。这一定是因为画师心中的并非是直线格子而是自有他独到的、内在的网格,根据这个网格描绘、构筑空间的缘故吧?

柯 网格是可塑的、弹性的,它有随时变化的余地……如果一味地恪守,作品就会变成不断重复的、烦琐的东西。

杉 让我们重新从它与当今

②

②——印度的占星术流程图的一部分。针对一人的计算书是全长四五米的卷轴。全部手绘。

[2]拉格(Raga)是印度古典音乐的旋律框架,种类多,每种拉格都有自己特有的音阶、音程以及旋律片段,并表达某种特定的韵味(Rasa),它要靠音乐家的即兴表演加以丰富。——译注

的设计及造型语法的关系来思考一下。比如，我们眼前的笔记本电脑中就布满了电脑网格。如果没有这个网格——三维空间格子，既无法制图，也不能储存信息。

古代印度人发现并发展起来的网格式思维，大有在电脑这个新兴媒体上复苏的可能性啊。当然它不仅是简单的空间问题，还是不停地产生变动的时间问题，还可以从投影几何学上以各种造型让整个空间结构发生扭曲；也可以导入黎曼几何学的概念，所以在这个意义上是一个伸缩余地很大的空间吧？

柯 这是动态网格。电脑的出现，以划时代的工作方式改变了一切。二维空间加入了时间、动态、变化的维度，对平面设计产生了重大影响。将始终变化的视觉形象投影到动态网格，这对于我们设计师来说是新的挑战。

以网站设计为例，网站是空间性和时间性的，不断变化，不固定的。新生事物层出不穷。因此，要思考什么重要，什么不重要，应该从哪里开始，表现什么意思等因素，然后再设计画面，这会比不动脑子的效果更好。设计应该不仅着眼于平面，还要考虑空间与时间意义上的布局。

某些东西从画面上退出的时候，从什么位置退出最好？什么东西进入画面的时候，位置不同，它的冲击力也完全不同。文字在网页上随处出现，又随时消失。文字在跳舞！信

㉑——印度的古典舞蹈，「奥蒂西舞」(Odissi)(上)与「卡塔卡利舞」(Kathakali)(下)的肢体动作，将全身柔软地或几何学地运动起来，展现独特的节奏空间。

息在跳舞！既然如此，在网页设计上不妨应用舞蹈的知识。

动态网格与古典舞蹈的结合

杉 你在伦敦皇家艺术学院学到了西方的思维方式和设计手法，后来到日本对印度和亚洲文化觉醒并追根溯源，在印度的古文献中遇到了《造型艺术奥义》阐述的网格的意念。现在是将两者融会贯通的时候了吧。

柯 这正是我现在要和IDC的学生们一起做的。我刚才说到了网页上的文字跳舞，而印度有着悠久的舞蹈传统→㉑㉒，印度的古典舞蹈告诉人们怎样才能展示优美的舞姿，口头传承的音乐传统告诉人们怎样创作各种节奏，传统知识是进行新的创造的有益信息来源，用古典舞蹈的动作和音乐节奏可以创造新的事物。我的学生们一开始只能制作极其原始的动

TRIPATAKA HANDS

KAPITTHAM OR MUDRA HANDS

AFTER Z: REPEAT OTHER SIDE

ALAPALLAVA HANDS

COUNT: 1 2 3 4 5 6 7 8

㉑

作，不久便发现了画面上跳舞的方法。

│ 杉 │ 具体是怎么做的？

柯 就拿一个学生用应用软件"闪存"(Flash)制作音像教材打比方吧。

使用新应用软件时，谁都一样开始时只能做最基本的、最原始的动作。然而，学生们一旦理解了将古典舞蹈的动作和音乐节奏应用到新媒体时，会突然出现巨大的飞跃。

但是有一点，不能忘记电脑的性质，有时电脑对于不成熟的创意也会立即赋予具体的造型。

某个创意尚不成熟，还在酝酿阶段时是模糊不清、模棱两可的，然而在电脑上制作什么形的话，一下子就让你看到实在的造型，容易破坏尚未成熟、正在酝酿过程中的感觉，因为看得太真切，太清晰。因此，不使创意过早地定型，反而是最困难的挑战。

进行电脑操作时，我们当然用西方

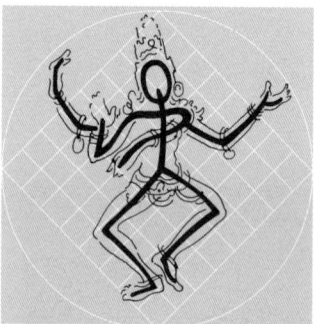

㉒

㉒——印度舞蹈的动作和网格。基于卡皮拉·巴兹亚扬（Kapila Vatsyayan）的分析。

的技术，用诞生于西方的应用软件，使用这些软件的各种模式也是西方的。所以年轻人的误区就是，以为这是新东西应该模仿，这是典型的先入为主。

不过我对学生们说，印度的音乐和舞蹈要比西方的先进得多，印度的传统中积累了大量的知识和技巧，所以只要妥善加以利用，一定能创造出完全不同于西方的东西……

杉 印度文化研究家卡皮拉·巴兹亚扬(Kapila Vatsyayan)针对印度古典舞蹈和寺院空间结构、曼荼罗、护符与网格结构的密切关系，做过深入考证。古典舞蹈与建筑、冥想图形、细密画的造型原理也有联系。在电脑时代的今天，它能渗透到印度的年轻人心中，并以崭新的姿态恢复生机，令人振奋。

《造型艺术奥义》阐述的造型原理方法论，想来它的关键就在于网格或叫意象比例尺的可以无限放大，无限缩小。再小的东西也有其内在的网格或尺度，而再大看似静止的东西也有其内在的流动性或变形。即使它被浓缩成一粒种子，或反之被扩展至大宇宙，作为印度"有形之物"普遍尺度的秩序，是存在于万物万事之中的→㉓㉔。

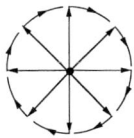

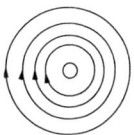

㉓——"轮宝图形诗"(Mahachakrabandha)。根据印度绘画诗(Chitra-kavya)传统书写的梵语图形诗。轮宝上的文字如左侧图形所示，可以变化多种读法，成为各自不同的诗文。

然而，当它与电子媒体联系起来的时候，会出现什么情况呢？电脑可以无限地吸收知识，进而对这些知识赋予秩序，任意操作，即在理论上可以将过去的传统通通作为内容填入电脑空间。这样除了可以对它们进行互相参照，构建新的创作理论的功能以外，还可以在瞬间对所有的东西进行放大或缩小。

还可以在放大格子、缩小格子之间自由游走、跳跃。在这一点上，也许可以作为将个人的渺小存在释放到更广阔空间的工具而发挥威力。

我感觉印度人历经几个世纪思索着这个主题，他们才是将这种思维运用到电脑上的最合适的群体。今后你们一定会找到实现这些想法的种种方法的。

柯 是啊，这是一个值得深入研究的主题。

杉 希望你以自己所掌握的深深呼吸着印度传统的大智慧，带领印度年轻人去实现全新的目标。

——2003 年 10 月 15 日　于东京

㉔　「Meru-bandha」。圣山图形诗。描述罗摩神抵达 Rishyamuk 山附近的情景。左侧的流程图指示读诗的顺序。㉓㉔均引自特里维迪的论文 Symmetry in Patterned Poetry: The Chitra-Kavya Tradition of India，1992。
㉕　「吉祥如意」。无论从左右，上下任何方向读都可以读做「Sarvatobhadra」的图形诗。特里维迪制作的文字编排设计海报。2001 年。

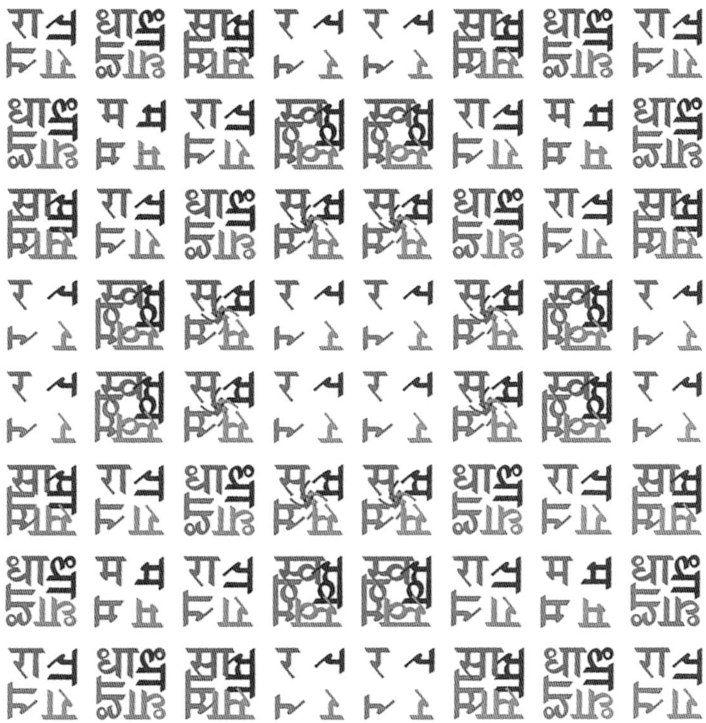

रा धा सा र र सा धा रा
धा म रा स्व स्व रा म धा
सा रा धा सु सु धा रा सा
र स्व सु र र सु स्व र
र स्व सु र र सु स्व र
सा रा धा सु सु धा रा सा
धा म रा स्व स्व रा म धा
रा धा सा र र सा धा रा

राधा सारसाधारा धामरा स्वस्वरामधा। साराधा सुसुधारासा रस्व सुर रसुस्वर॥ रस्व सुर रसुस्वर साराधा सुसुधारासा। धामरा स्वस्वरामधा राधा सारसाधारा॥

传统与现代，对新的创造语法的探求

　　当我重读本书收录的对谈和鼎谈，并挑选反映每个人气质和思想的作品，以及与话题有关的图版时，再一次为六位登场人物的个性组合之妙拍手称绝。来自韩国、中国、印度各两位从事设计的参加者，他们将思维方式以及设计手法的枝叶，向着略有不同的领域延展。三国的组合使人产生红、黄、蓝三原色的联想，其中又渗透着如阴阳般相位偏移的双重结构。

　　韩国的二人共同的课题是对韩文字的关心，但是角度有着微妙的差异。安尚秀关注到韩文字在初创时就与天、地、人的宇宙观浑然一体，独创了自己的韩文书体。他对古代的宇宙观和西欧近代的结构语法进行统合，重新构筑了韩文字。

　　郑丙圭则更关注韩文字与汉字的关联性，要把韩文字退回到堪称无意识的"象形文字"的方向。他从事的是对韩文字中潜藏的象形性进行探索的设计尝试。

　　与中国文化圈的二人的对谈，主题集中在如何面对传统上。吕敬人将注意力集中在现代中国所剩无几的传统手工艺技法——书画、工艺、书籍装帧设计和印制技术等的再生与再发展上，努力将其引入自己的设计语法内核。黄永松关注着传统民间文化的精神气韵，那些不可视的内在活力，没有外在表现的性灵活动，对它的脆弱、易损备加呵护，潜心于保存它并传承给后人。

印度的二人都汲取了印度的古典精神，致力于弘扬其真谛。R.K.乔希将古代人通过修行感悟的宇宙性、身体的觉醒，在自己的日常生活中复苏，使人的音声与宇宙根源的喧嚣取得一致，和着身体的运动挥笔作书。作为扩张意识的修持，他致力于诵咒，挑战书法，已经达到很深的境界。

柯蒂·特里维迪重新研读了古代哲学著作和圣贤们留下的造型语法，摸索如何使这些大睿智在现代重获新生，包括运用IT时代的技术。乔希以全身心面对古典，而柯蒂·特里维迪则以敏锐的分析与结构论，将古典和现代连在一起。

每个国家的两位人士，尽管说不上阴与阳那样对比鲜明，但两个人放在一起可以窥见各个文化的两面性和多面性，饶有意思。

●

我交往的亚洲朋友中除了这次见面的六位以外还有很多，特别值得一提的是在津野先生访谈中也涉及的印度的苏达卡尔·纳多卡鲁尼和台湾的李贤文先生。因为他们二位是为我和登场人物结识牵线搭桥的人。

苏达卡尔·纳多卡鲁尼是与我就亚洲进行深谈的第一位亚洲其他国家的人士，令人难忘。当时我对印度的音乐和文化特别感兴趣，与纳多卡鲁尼就印度哲学、思维方式展开反复的探讨。当然他是现代人，对古典了解甚少，反而是他为自己对母国的无知感到了愕然。然而，在一次次的交谈中他唤起了记忆，告诉我一个又一个印度的大智慧。就像那些沉睡在古生代的记忆，沉积在他身体深处的文化记忆，逐渐被唤醒。

台湾雄狮美术的发行人李贤文先生是我第一个对话的中国人，他是一位有深厚的中国美术底蕴的大编辑，曾一度运营现代美术画廊。他酷爱书画，特别近年找到了独自的山水画技法，并已臻很深的境界。

李先生在他的工作圈子和教养背景下，为我介绍了各方面的艺术家朋友。通过李先生，我建立了与黄永松的联系，也为日后邂逅吕敬人奠定了基础。

●

细想起来，无论韩国、中国还是印度，都对日本这个国家基础的文化构建产生着深远影响。印度通过佛教或印度特有的哲学和宇宙观等，对古代日本产生了强烈的影响。随着人的交流，中国向日本传来我们日常使用的汉字及构成国家和文化基础的各种载体。韩国亦然，构成奈良、平安时期文化的许多东西都是借朝鲜半岛人们之手构筑的。可以说日本人的血统中流进了这三国(地域)文化的强大遗传基因。

现在的亚洲处于急剧变动的世界的核心，正在实现再一次巨变，特别是中国、印度和韩国出现了举世瞩目的发展。面对这样的现状，我想和亚洲的朋友们交流一下，应该如何看待从这三国继承的文化，并且怎样传承到未来……

●

为了对在首尔进行的第一次对谈加以补充，郑丙圭先生第二年来到日本时说："过去我们从来不重视对谈。当然也会进行对话，但是没有把它发表在杂志上或出书的做法。因为在韩国，对谈是瞬间即逝的，与写文章相比，被看得很低。然而这次的尝试发现，借着对话可以互相注视，把自己内在的潜意识挖掘出来，令人吃惊。我想以此为契机，今后在韩国也许会重新认识对谈……"

不仅韩国和中国，在日本直到最近为止也还是把座谈的记录看作比文章低一等的形式。但是相互信赖的人坐在一起对话，心性坦荡，会开启智慧之门。这种做法古来有之，例如希腊的柏拉图就是采用与青年斐多（Phaedo）交谈的对话体形式记述苏格拉底的思想，并留给后人的。在每个人都有不同的思想和行为的人类社会，"对话"肯定是重要的思维方式。它的作用就像一面镜子，反映出互相隐藏的状态，产生超越表面对话的气韵之交流，调动内在的精神世界，使对话充满生机。异文化之间，对话尤其重要。历史的、文化的差异会以意想不到的形式显现出来。其乐趣尽在本书汇集的对话的展开和字里行间。

●

人向着光明走，对前进方向的一步过于在意，往往忘记以前的两步，然而试想身

345

后的这两步，恰恰是以一两千年甚至上万年为单位的，构成自己身体的各种因子。在日本的民俗、文化潜流中，流淌着中国、韩国、印度，甚至东南亚的民俗、文化。回首历史，深化意识，寻找话题，就会深刻意识到中国人、韩国人、印度人和日本人无处不在的共性。

我每到亚洲诸国，体验亚洲，与人们交谈时总能感到，只要着眼于身后的一步、两步，将对话和感性水平更深地往后退，就能产生丰富的共性。以此为基础展开有深度的对话，也许能加强双方的纽带……

在这本对谈集中，除了津野先生的访谈以外，主要是我处于采访人的位置。人们常说日语的口语中没有主语，我认为主语的位置是可以用来容纳对方情感的地方。同样，从日式住宅的房间布局也可以看出来，最好的房间是客房，把客人像神一样请进来，平常空着不用。把自己最好的空出来，让出来，才是赤诚的待客之道（空，才能含客博大）。在这本书的对谈形式以及版面设计中，也渗透着这样的心境。

这本对谈集也使我们确认了新形式的关系，期望以此为契机，继续开展面向未来的对话。我只不过是开了个头，希望对谈中出现的朋友以及下一代年轻人，互相提出新的问题，产生形式多样的对话。愿这种共鸣成为思考今后世界的一个契机。所幸韩文版和中文版的出版计划已在运作中。中文简体字版由吕敬人、韩文版由郑丙圭分别自由地进行设计。除印度以外，中国、韩国的读者可以用各自语言阅读和看到有各自的设计的这本对谈集，其反应和反响，令人拭目以待。

●

　　最后，对在本书的出版过程中给予大力协助的各界人士深表谢意。首先是六位同人，他们不仅抽出对谈的时间，在整理稿件和加入图版的过程中，还要经常应对我们的电子邮件和国际电话的打扰。对于在口译、笔译和摄影以及其他编辑工作中给予无私援助的许多朋友，谨致以衷心的谢忱。

　　对在本书策划阶段就给予热情支持的津野海太郎，陪同采访并整理行文的《书与电脑》编辑河上进，对于我那颇费周折的书籍制作给予理解并付诸实现的大日本印刷的加藤恒夫，PD 的会田博，负责营销的神林一德，Trans Art 的难波宽子，还有负责与各国对谈者联络和编辑工作的妻子加贺谷祥子，特别是杉浦事务所的三位人员——负责设计、使文字和形象意趣相彰的佐藤笃司，负责 DTP 的岛田薰、副田和泉子，他们在担任书籍的整体设计过程中不惜放弃休息时间，工作夜以继日，使本书如期付梓。谨向以上所有朋友致以诚挚的谢意！

杉浦康平

2005 年 5 月

【图版出处】

津野海太郎的访谈

● B.S.Naik, *Typography of Devanagari*, *Volume One*, Directorate of Languages, Bombay, 1971.…016 ● *Objekt+Objektiv=Objektivität? Fotografie an der HfG Ulm 1953—1968*, HfG-Archiv Ulm, 1991.…018、021 上三图

鼎谈

● 故宫博物院编《清代宫廷包装艺术》，紫禁城出版社，2000。…062 ●《艺众》，河北教育出版社，2003。…068 ●《书中梦游》，敬人书籍设计工作室，2002。…072

安尚秀×杉浦对谈

● 文化生产者项目《D》…087 上两图 ● 《预测未来信息集 soon 2002》…087 下两图 ● 《训民正音》…098 ● 伊藤胜一《汉字的感字》，朗文堂，1986.…105 ● *Idea* 307 号，诚文堂新光社，2004。…108 ● John Cage, *Notations*, Something Else Press, 1969.…111

郑丙圭×杉浦对谈

● *Idea* 307 号，诚文堂新光社，2004。…163、168

吕敬人×杉浦对谈

●《汉声》87、88 号"美哉汉字"，汉声杂志社，1996。…181B～E, 187 下 ● 白川静《字统》，平凡社，1984。…182、185、187 ● Gabriele Fahr-Becker, ed., *The Art of East Asia*, Könemann, 1999.…183 上 ● 林巳奈夫《神与兽的纹样学——中国古代诸神》，吉川弘文馆，2004.…183 下 ● 白川静＋梅原猛对谈《咒之思想——神与人之间》，平凡社，2002.…190 ● 吕胜中《意匠文字》，中国青年出版社，2000。…191 ● 王大有、王双有《图说太极宇宙》，人民美术出版社，1998。…194 ● 中野美代子《中国的蓝鸟——中国学博物志》，南想社，1985.…197 ● 武田雅哉《苍颉们的盛宴》，筑摩书房，1994.…199 下

黄永松×杉浦对谈

●《黄永松与汉声杂志》，中国时报系时广企业有限公司生活美学馆，2003.…224、225 ● 杉浦康平《造型的诞生》，NHK 出版，1997.…247（插图＝山本匠）● 岩田庆治＋杉浦康平监修《亚洲的宇宙＋曼荼

罗》，讲谈社，1982。…249、251－253 ● 吕胜中《小红人的故事》，
上海文艺出版社，2003。…257

R.K.乔希×杉浦对谈

● *Kham: Space and the Act of Space*, exhibition catalogue, Indira Gandhi
National Center for the Arts, New Delhi, 1986. …263 ● B.S.Naik,
Typography of Devanagari, *Volume One*, Directorate of Languages,
Bombay, 1971. …266下、267下、273下、275 ● Madhu Khanna, *Yantra:
The Tantric Symbol of Cosmic Unity*, Thames & Hudson, London, 1979. …
268上 ● M.B.Jhavery, *Comparative and Critical Study of Mantrasastra*,
Sarabhai Manilal Nawab, Ahmedabad. …268 下 ● *A Portfolio of
Contemporary Indian Calligraphy*, Industrial Design Centre, IIT, Bombay,
1988. …269 ● Joho Stevens, *Sacred Calligraphy of the East*, Shambhala,
Boston & Shaftesbury, 1988. …277 ● Ajit Mookerjee, *Ritual Art of India*,
Thames & Hudson, London, 1985. …299

柯蒂·特里维迪×杉浦对谈

● *Abhikalpa* (The Journal of the Industrial Design Centre) , Issue 3,
1986. …305 ● 《千变万化的诸神——亚洲的假面》，国际交流基
金，1981。…307 ● Kirti Trivedi, "Hindu Temples: Models of a
Fractal Universe", 1989. …311 ● A.Boner, ed., *Vāstusūtra
Upanisad: The Essence of Form in Sacred Art*, Motilal Banarsidass,
Delhi, 1982. …312–315、320中、321上 ● Kapila Vatsyayan, The
Square and the Circle of the Indian Arts, Roli Books International,
1983. …320下、325下两图、338上两图 ● 小仓泰《印度世界的
空间构造——印度教寺院的象征主义》，春秋社，1999。…325上
两图 ● V.Ganapati Sthapati, *Indian Sculpture & Iconography:
Forms & Measurements*, Mapin Publishing, Ahmedabad, 2002. …
326 ● 逸见梅荣著《印度的礼拜造像的形制研究》，东京美术，
1982。…328两图 ● *Concise Tibetan Art Book*, Pema Namdol
Thaye, Kalimpong, 1987. …329两图 ● T.Ogawa et al., ed., *Katachi
U Symmetry*, Springer-Verlag, Tokyo, 1996. …333 ● Kay Ambrose,
Classical Dances and Costumes of India, Allied Publishers Private
Limited, 1983. …337 下 ● Sunil Kothari & Avinash Pasricha,
Odissi: Indian Classical Dance Art, Marg Publications, 1990. …337
上、338 下 ● Kirti Trivedi, "Symmetry in Patterned Poetry: The
Chitra Kavya Tradition of India", 1992. …339、340

【对谈者简历】

安尚秀（Ahn Sang-soo）

　　1952年生于韩国忠州。平面设计师、文字编排设计师。1977年弘益大学美术大学视觉设计系，1981年毕业于该校研究生院。1985年设计"安尚秀体"后，相继设计了"李箱体"、"米尔体"（miru）、"玛诺体"（mano）。1985年创建"安平面设计室"，至1991年任代理理事。1991年起出任弘益大学视觉设计系教授。1997—2001年，任国际平面设计团体协议会副会长。迄今在世界各国举办多次个展，参加许多团体展览并举行讲演，对亚洲设计思想及其发展做出了贡献。

郑丙圭（Chung Byoung-kyoo）

　　1946年生于韩国庆尚北道。书籍设计师、文字编排设计师。1974年于高丽大学法国文学系毕业后，历任《小说文艺》月刊编辑部长、民音社编辑部长、洪盛社总编，1979年作为设计师独立。现为"郑丙圭设计事务所"代表，首尔出版设计俱乐部（SPC）会长。至2000年任弘益大学视觉设计系兼职教授。出版有作品集《郑丙圭书籍设计》（思考之海社，1996年）。现在主持面向专业人员的编辑设计塾。

吕敬人（Lu Jingren）

　　1947年生于中国上海。清华大学美术学院教授。中国出版工作者协会书籍装帧艺术委员会副会长、中央各部门出版社书籍装帧艺术委员会主任、中国美术家协会插图装帧艺术委员会委员。书籍设计师、插图画家。1978年入中国青年出版社。1989年赴日，师从杉浦康平先生。曾任中国青年出版社编委、编审。1996年起接受国务院国家政府特殊津贴。1998年设立敬人设计工作室，任艺术总监。2002年任中央美术学院客座教授。出版有作品集《敬人书籍设计》（吉林美术出版社，2000年）、《敬人书籍设计2号》（电子工业出版社，2002年）、《从装帧到书籍设计》（河北美术出版社，2002年）、《翻开——中国当代书籍设计》（编著／清华大学出版社，2004年）、《吕敬人书籍设计教程》（湖北美术出版社，2005年）。

黄永松（Huang Yung-sung）

　　1943年生于中国台湾桃园县。《汉声》杂志发行人，艺术总监。1967年毕业于"国立"艺专（现台湾艺术大学）。1966年在校期间为台湾前卫艺术团体"UP"的创始会员，并有作品参展。毕业后，在从事前卫艺术活动的同时，担任电影美术指导等工作。1971年与吴美云在台北共同创办英文版《ECHO》《汉声》杂志。1978年创刊中文繁体字版《汉声》。聚焦中国的传统民间文化，展开极具冲击力的出版、设计活动。2003 年设立北京汉声工作室，并开始简体字版的出版。

R.K.乔希（R.K.Joshi）

1936 年生于印度马哈拉施特拉邦桑格利（Sangli, Maharashtra）。书家、诗人、设计师、字体设计师。历任 FCB 乌尔卡广告美术总监、印度工科大学工业设计中心（IDC）教授，现为进阶电脑开发中心（C-DAC）的设计专家。通过国内外的工作坊、研讨会、展览会，确立起印度文字独具特色的美学，是唤醒对印度书法与文字编排设计的学术研究关注的艺术家。

柯蒂·特里维迪（Kirti Trivedi）

1948 年生于印度瓜廖尔（Gwalior）。工业设计师、平面设计师、印度图像研究家。印多尔（Indore）大学毕业后，在印度工科大学取得工业设计的学位。其后在伦敦皇家艺术学院留学。现任孟买的工业设计中心（IDC）教授。实践将传统与现代结合的设计教育。近年开发了一机多用的集体学习用视听器材（K-Yan 小型媒体中心），努力使 IT 技术惠泽大众。

津野海太郎（Kaitaro Tsuno）

1938 年生于日本东京。早稻田大学毕业后，从事编辑、戏剧工作，以"黑帐篷"剧团的导演、制作人而知名。历任晶文社总编辑、《书与电脑》季刊综合总编辑。和光大学教授、和光大学图书馆长。就包括电子书籍的未来积极建言，热心招集东亚出版人之间的交流。著作有《悲剧的批判》、《鼠疫与剧场》、《书与电脑》、《书籍是怎样消亡的》、《读书欲·编辑欲》（以上晶文社）、《门那边的剧场》（白水社）、《新·与书籍打交道支招》（中公新书）、《滑稽的巨人 坪内逍遥的梦》（平凡社）、《书动摇啦！》（TransArt）等。

杉浦康平（Kohei Sugiura）

1932 年生于日本东京。平面设计师、神户艺术工科大学名誉教授。通过对意识领域形象化的独特手法，一直对众多创意人产生着影响。将亚洲传统的、神话的图像、纹样、造型的本质形容成"万物照应的世界"，见诸于多部著作。策划、构成多个介绍亚洲文化的展览会及经手相关图书设计，并与亚洲各国的设计师建立了密切往来。主要著作有《日本的造型·亚洲的造型》（三省堂）、《造型的诞生》、《生命之树·花的宇宙》（以上 NHK 出版）、《吞下宇宙》（讲谈社）、《叩响宇宙》（工作舍）。其他编著作品有《视觉传播》、《亚洲的宇宙观》、《文字的宇宙》、《文字的祝祭》，作品集《疾风迅雷——杉浦康平杂志设计的半个世纪》（TransArt）等。

译后杂记

本书以杉浦先生与亚洲同人围绕"亚洲的书籍·文字·设计"的对谈、鼎谈结集出版。在杉浦先生智慧的引领下，对谈妙语连珠，相映成趣，峰回路转，寓意深刻，读来耐人寻味。亚洲的多主语，东方美学的思维，注入生命的设计，视觉的信息，炽热的情感，传统与现代的交融，不同的文化背景和个性丰饶的作品实践犹如在这里奏响了"大和谐"的四重奏，流淌着刚柔并济的气韵之美。

●

杉浦先生哲学的设计理念对亚洲同人产生很大影响，这从对谈中也可见一斑。这几位——安尚秀、郑丙圭、吕敬人、黄永松、乔希、柯蒂——当之无愧的亚洲优秀设计艺术家，他们致力于保存亚洲的传统文化，结合传统美与理性的设计理念，将传统文化积极运用于现代的编排设计艺术，融会新的元素，创造字体，拓展设计语言空间，并运用IT时代的技术摸索传统文化复苏于现代的路径。他们静心的研究、不懈的追求、有益的实践和斐然的业绩，在心浮气躁、急功近利的喧嚣时代联结起传统与现代的性灵。

●

杉浦先生德高望重、学贯中西、思维敏捷、联想丰富，且善解人意。在近三十年的接触中，先生的人格魅力始终吸引着我们。先生对亚洲传统文化情有独钟，早在上个世纪60年代就开始关注，从亚洲文字生态圈、森罗万象的形态以及为"现在"遗忘的"生命记忆"中寻找自我，超越自我，潜心研究，创造了独具匠心的编排设计，在造型艺术领域构建了以曼荼罗为象征的宇宙世界。他治学严谨、著述颇丰，其中《造型的诞生》中文版已先后在中国大陆和台湾出版。

●

对谈始终贯穿着"传统与现代"的主线，而非物质文化，即无形文化如何延绵更是我们关心的话题。在中国，非物质文化一直处于社会强势主流文化的边缘，然而它在各民族发展史中无疑是植根最深的、影响最广的多主语世界。由于遭受现代经济和外来文化的冲击，"活化石"般造型的根本要素濒临灭绝，原有的存在土壤在走向沙化。中国有一万九千多个乡镇、几十万个村庄，其中保留比较完好，历史记忆比较深厚，民俗和民间文化遗产比较丰富的村落总该有几千个吧。但是人员的大量外流和对古镇乡村的不合理开发，其历史文化积淀被抽空，掌握传统艺术技能的民间艺人后继乏人。当联合国教科文组织在四年前纪念藏传英雄史诗《格萨尔》一千年的时候，能够演唱《格萨尔》的西藏老人扎巴却已在二十年前仙逝，除了留下的二十五部以外，其余的八部永远消失了。尽管社会对"异化"和"物化"的反思使一部分人翻然憬悟，开始着手抢救工作，但是现实状况却使我们陷入尴尬境地。许多地方受经济利益驱使，在申报非物质文化遗产过程中出现了"文化商品化"现象，这种所谓的保护阉割了原生态的核心价值，亵渎和动摇了民间艺术最本原的文化根基。

354

我们钦佩《汉声》的远见卓识。在中国传统文化濒危状态下，他们抓住现代人所忽略的传统文化的核心，把记录整理民间艺术中溢出的生命记忆作为使命，对记录保存的选题对象设定了"必须是传统的、中国的、民间的、活生生的"四个标准，并分门别类编辑设计了"传统民间文化基因库"，以五种（民间文化、生活、信仰、文学、艺术）为总纲，下设十一类、四十七项、几百个目。他们实地考察时，一是"小题大做"，对即使是微小的东西也要探究其深层含义，二是"细处求全"，努力将传统文化的本体、功用、制造技术和背景渊源完整地记录下来。他们根据选题与大陆院校老师和研究生组成工作小组分别取材考察。杉浦先生对此给予高度评价，认为这不仅仅是把中国的传统文化牢牢记录下来传给后世的工作，而且也涉及整个亚洲传统文化的深层或者是与潜藏于人体深处独特的造型感觉、其根源相关的重要工作。黄永松先生的话令人深受感动："《汉声》的编辑们多年来多次深入中国古老地区，和当地纯朴的老乡相处，聆听他们传达历史的记忆，观看活生生的古老生活。参与它、体会它、详细地记录它，不要干扰它！从宽阔的天地间，产生一个又一个的主题，进行一次又一次的工作，向无数的人、事、物、环境、历史学习，《汉声》的编辑终于悟到——'带走笔记和照相，留下脚印'的互相尊敬、互相爱惜的道理。不能掠夺式的花钱购买，即使是他们丢下不用的器物，也不能带走，更不能留下城市的恶习，污染这些原生态的文化场所和居民，这是我和编辑相互遵守的约定。"这是多么纯洁、质朴、至诚的心灵！

●

　　由衷感谢杉浦先生带领我们进入了亚洲五色斑斓的"万物照应剧场"。对加贺谷祥子夫人为翻译工作提供各种方便，一石文化马健全女士、三联书店张荷女士和台湾《网路与书》为编辑本书付出辛劳，吕敬人先生精心编排设计，在此一并表示感谢。

杨晶　李建华

2006 年 5 月 22 日　于五棵松

【协助者】

[摄影]

樱井 Tadahisa……012、015、027、034、054、068、260、280 上、295、304、318、330

冯建国……045、047、052、065、174、188／佐治康生……049、218－219、302 上

李相允……078、089、093、119、126、140、141、159／姜运求……124、133、136

林柏梁……220、242／小林庸治……171

关口淳吉……307／杉浦康平……023、026

[口译]

杨　晶 (中译日)……鼎谈／吕敬人×杉浦对谈

金丹实 (中译韩)……鼎谈

刘诚子 (韩译日)……安尚秀×杉浦对谈／郑丙圭×杉浦对谈

金庆珠 (韩译日)……郑丙圭×杉浦对谈

周兆良 (中译日)……黄永松×杉浦对谈

田中祥子 (日译英)……R.K.乔希×杉浦对谈／柯蒂·特里维迪×杉浦对谈

[笔译·编辑协作]

马健全 (中文)／朴实 (中文)／朴祉炫 (韩文)／黄朝熙 (韩文)／阿兰·古里斯 (Alan Gleason) (英文)／富田淳子 (中文)／榎本雄二 (中文)／沈愚珍 (韩文)／榎本荣一 (梵文)／佐藤 Mari／小田洁／田边澄江

[首次发表]

津野海太郎访谈以及安尚秀×杉浦对谈第一部,《书与电脑》季刊第二期 5 号 (2002 年)、安尚秀×杉浦对谈第二部,《书与电脑》季刊第二期 9 号 (2003 年),鼎谈是在《东亚四地:书的新文化》(2003 年) (均为大日本印刷株式会社 ICC 本部发行,TransArt 销售) 发表的基础上做了若干增订。其他为未发表的内容。

图书在版编目（CIP）数据

亚洲的书籍、文字与设计：杉浦康平与亚洲同仁的
对话／（日）杉浦康平著；杨晶，李建华译.-- 2 版
.-- 北京：生活·读书·新知三联书店，2016.1
ISBN 978-7-108-05533-0

Ⅰ.①亚… Ⅱ.①杉…②杨…③李… Ⅲ.①书籍装
帧 - 设计 - 研究 - 亚洲 Ⅳ.① TS881

中国版本图书馆 CIP 数据核字(2015)第 221085 号

亚洲的书籍、文字与设计——杉浦康平与亚洲同人的对话

编著者	[日] 杉浦康平
译者	杨晶 李建华
出版发行	生活·讀書·新知 三联书店
	北京市东城区美术馆东街 22 号
	邮编 100010
策划	一石文化
特约编辑	马健全
责任编辑	张荷
中文版设计协力	吕敬人＋杜晓燕＋吕旻＋金琳
印刷	北京雅昌艺术印刷有限公司
版次	2006 年 11 月北京第 1 版
	2016 年 1 月北京第 2 版第 4 次印刷
开本	635 毫米 × 1270 毫米 1/32 开 11.125 印张
	字数 190 千 插图 492 幅
印数	15,001－23,000 册
定价	79.00 元

"Asian Books,Text and Design——Conversations by Kohei
Sugiura and Asian Designers" by Kohei Sugiura
Copyright ©2005 Kohei Sugiura.
Originally published in japanese by TransArt Inc.,Tokyo,2005
This Chinese language edition is edited and produced by
Beijing Wisdom Tank Information
Consultation Company and published by SDX Joint Publish-
ing Company ,Beijing in 2006 by arrangement with Kohei
Sugiura